Nils Z. Danckwardt

Pumpfreier Magnetpartikeltransport in einem Mikroreaktionssystem – Konzeption, Simulation und Machbarkeitsnachweis

Schriften des Instituts für Mikrostrukturtechnik
am Karlsruher Institut für Technologie
Band 12

Hrsg. Institut für Mikrostrukturtechnik

Eine Übersicht über alle bisher in dieser Schriftenreihe erschienenen
Bände finden Sie am Ende des Buchs.

Pumpfreier Magnetpartikeltransport in einem Mikroreaktionssystem – Konzeption, Simulation und Machbarkeitsnachweis

von
Nils Z. Danckwardt

Dissertation, Karlsruher Institut für Technologie
Fakultät für Maschinenbau
Tag der mündlichen Prüfung: 16. Dezember 2011
Hauptreferent: Prof. Dr. Volker Saile
1. Korreferent: Prof. Dr. Matthias Franzreb
2. Korreferent: Prof. Dr. Andreas E. Guber

Impressum

Karlsruher Institut für Technologie (KIT)
KIT Scientific Publishing
Straße am Forum 2
D-76131 Karlsruhe
www.ksp.kit.edu

KIT – Universität des Landes Baden-Württemberg und nationales
Forschungszentrum in der Helmholtz-Gemeinschaft

KIT Scientific Publishing 2012
Print on Demand

ISSN 1869-5183
ISBN 978-3-86644-846-9

Pumpfreier Magnetpartikeltransport in einem Mikroreaktionssystem – Konzeption, Simulation und Machbarkeitsnachweis

Zur Erlangung des akademischen Grades eines
Doktors der Ingenieurwissenschaften
der Fakultät Maschinenbau
des Karlsruher Instituts für Technologie

genehmigte **Dissertation** von

Diplom-Ingenieur Nils Z. Danckwardt

Tag der mündlichen Prüfung: 16. Dezember 2011
Hauptreferent: Prof. Dr. Volker Saile
1. Korreferent: Prof. Dr. Matthias Franzreb
2. Korreferent: Prof. Dr. Andreas E. Guber

Diese Arbeit entstand mit Unterstützung des Karlsruher House of Young Scientists.

Kurzfassung

Die zügige Untersuchung von Patientenproben hat insbesondere in der Intensivmedizin in den vergangenen Jahren an Bedeutung gewonnen. Von Relevanz ist hierbei häufig die Zeit, in der ein Analyseergebnis vorliegt, das zum Therapiebeginn notwendig ist. Diese Zeit ist durch den Probentransport zum Labor dominiert. Hieraus entstanden eine Reihe von Vor-Ort-Tests (engl. Point-of-Care-Test), die innerhalb von Minuten eine spezifische Analyse ermöglichen.

In dieser Arbeit wurde ein Mikroreaktionssystem entwickelt, das eine Kette von sukzessiv ablaufenden Reaktionen ermöglicht. Hierbei wird das Zielmolekül, das auf einem magnetischen Partikel fixiert ist, entlang eines Kanals durch verschiedene Reaktionskammern transportiert. Die Reaktionskammern werden durch nichtmischbare Flüssigkeiten voneinander abgetrennt, welche die Diffusion der Reagenzien begrenzen, jedoch den Transport der magnetischen Partikel nicht hemmen. Der Transport der magnetischen Partikel wird durch lokale Magnetfeldgradienten im Kanal realisiert. Diese entstehen durch die Konzentration eines externen Feldes an lokal angeordneten, weichmagnetischen Strukturen außerhalb des Kanals. Durch die Variation der Feldrichtung des externen Feldes entsteht ein wandernder Feldgradient, der das Partikel entlang des Kanals transportiert.

Dieses pumpfrei arbeitende Partikeltransportkonzept wurde über eine Simulation und einen Machbarkeitsnachweis validiert und es wurden europäische Schutzrechte beantragt. Zusätzlich zum Machbarkeitsnachweis wurden experimentell verschiedene Ansteuermechanismen des Transportsystems sowie der Einfluss der Partikelgröße untersucht. Kleinere Partikel werden als Partikelschwärme transportiert, welche aufgrund der größeren spezifischen Oberfläche für biologische Anwendungen attraktiv sind. Mit einem wässrigen Zweiphasensystem auf Basis von PEG und Phosphat zur Abtrennung der Reaktionskammern wurde abschließend exemplarisch die Machbarkeit einer Streptavidin-Biotin-Kopplungsreaktion im Mikroreaktionssystem gezeigt. Der hierbei verwendete Demonstrator ist so aufgebaut, dass eine systematische Trennung von magnetischem und fluidischem Teil vorliegt. Dies ermöglicht den schnellen Austausch des fluidischen Teils als „Wegwerfartikel", was dem Grundgedanken einer einfachen einmaligen Anwendung als Vor-Ort-Test gerecht wird.

Abstract

The prompt analysis of patient samples in intensive care has gained importance in recent years. The turnaround time, i. e. the time until results of a given analysis are obtained in order to initiate a therapy, is of particular importance. Hence, numerous Point-of-Care Tests (PoC) emerged which allowed a specific analysis within minutes.

In this thesis, a micro reactor has been developed which allows multistep reactions in a microfluidic channel. The target molecule, immobilized on a magnetic particle, is transported along the channel through the reaction chambers. The reaction chambers are separated by immiscible fluids that limit the diffusion of the reagent, however the transport of the magnetic particle through the phase interface is not hindered. The magnetic particles are transported by means of local magnetic field gradients in the channel. These are created by the concentration of an external magnetic field through soft magnetic structures in a repeated pattern along the channel. Through a variation of the external field, the local field gradients travel along the channel transporting the particles.

This pump-free transport concept of magnetic particles has been developed, simulated and validated with a proof-of-principle and a European patent is pending. Additionally, several control mechanisms of the external field and the influence of the particle size has been investigated. Smaller particles, interesting for biological applications because of their high surface-to-volume ratio, are transported as swarms. Reaction chambers were created with aqueous-two-phase-systems on the basis of polyethylene glycol and phosphate. The proof-of-principle of a coupling reaction in the channel was shown by coupling a biotinylated fluorophore to a particle with streptavidin ligands. The demonstrator used for this reaction was designed to systematically separate the fluidic carrier from the soft magnetic structures. This allows its use as a disposable component in case of contamination with reagents and hence follows the concept of cheap Point-of-Care-Testing.

Danksagung

Die vorliegende Arbeit entstand während meiner Tätigkeit als wissenschaftlicher Mitarbeiter am Institut für Mikrostrukturtechnik (IMT) in Kooperation mit dem Institut für Funktionale Grenzflächen (IFG) des Karlsruher Institutes für Technologie (KIT). Für die angenehme Atmosphäre und die gute Zusammenarbeit möchte ich mich bei allen Mitarbeiterinnen und Mitarbeitern der Institute ganz herzlich bedanken.

Mein besonderer Dank gilt Herrn Professor Volker Saile für die Übernahme des Hauptreferats und die Unterstützung in vielfältiger Weise. Für die Übernahme des ersten Korreferates, aber vor allem für die stetige wissenschaftliche Betreuung, kritische Betrachtung und Begeisterung für die Ergebnisse, danke ich Herrn Professor Matthias Franzreb. Die freundschaftliche und konstruktive Atmosphäre hat wesentlich zum Gelingen dieser Arbeit beigetragen. Herrn Professor Andreas Guber danke ich für die Übernahme des zweiten Korreferats, für das über die Jahre entgegengebrachte Vertrauen und den Freiraum, den er mir in der Herangehensweise an dieses Thema einräumte.

Frau Heike Fornasier danke ich für die Durchführung der Arbeiten im Reinraum und Martin Silvestre für das Funktionalisieren der Partikel.

Herrn Maximilian Amberger danke ich für die intensive Durchsicht des Manuskripts beim Entstehen der schriftlichen Ausarbeitung. Des Weiteren möchte ich mich bei Frau Stephanie Kißling, Frau Nicole Steidle, Herrn Tobias Müller, Herrn Ingo Fischer sowie Herrn Michael T. Hoffmann für ihre kritischen Anmerkungen zu Teilen des Manuskripts bedanken.

Der Dank gilt auch meinen Mitdoktoranden, die durch zahlreiche Diskussionen dazu beigetragen haben, dass die Zeit am IMT und IFG nicht nur auf meinem Fachgebiet eine Bereicherung war.

Schließlich möchte ich meine Dankbarkeit gegenüber meiner Familie, meinen Freunden und nicht zuletzt meiner Freundin Eilika ausdrücken. Ohne Eure moralische Unterstützung wäre diese Arbeit nicht möglich gewesen.

Karlsruhe, im Dezember 2011   *Nils Danckwardt*

Inhalt

1 Einleitung

1.1 Motivation

Die Handhabung von Flüssigkeitsvolumina in Chemie und Biologie im Milli- und Mikrolitermaßstab wurde durch die vor mehr als 50 Jahren von Heinrich Schnitger erfundene Mikroliterpipette revolutioniert [1]. Diese ermöglicht eine zuverlässige Handhabung von Flüssigkeitsvolumen über ein Luftpolster und ist unter dem Namen Eppendorfpipette weit verbreitet. Die Automatisierung der Handhabung kleinster Flüssigkeitsvolumina von einigen hundert Nanolitern aufwärts in Form von Pipettierrobotern führte seit den 90er Jahren des vergangenen Jahrhunderts zu Hochdurchsatzsystemen, welche in der Wirkstoffforschung und in Großlaboren Anwendung finden [2]. Die hierbei als Probenträger verwendete Mikrotiterplatte gilt als Quasistandard.

In der Diagnostik findet die Analyse von Patientenproben heutzutage in der Regel in einem zentralen Großlabor statt. Hohe Durchsätze werden dort durch massive Parallelisierung von Aufträgen erreicht, was eine systematische Nutzung der Anlagenkapazitäten bedeutet. Für Arzt und Patient bedeutet die externe Analyse der Proben jedoch eine Wartezeit in der Größenordnung von Tagen, die hauptsächlich durch die Logistik des Probentransports von der Arztpraxis zum Labor dominiert ist.

Vor dem Hintergrund dieses Szenarios sind in den vergangenen Jahren eine Reihe von Vor-Ort-Tests (englisch Point-of-Care-Test) entstanden, welche die Analyse eines spezifischen Parameters aus einer Blut-, Speichel- oder Urinprobe ermöglichen [3]. Verschiedene Ansprüche werden an diese Vor-Ort-Tests gestellt: Zum Einen soll die Durchführung des Tests einfach und ohne Probenvorbereitung durch medizinisch-technisches Personal möglich sein. Hierbei werden vorbereitete Probenträger zur einmaligen Verwendung genutzt, welche die bereits gebrauchsfertigen Reagenzien vorhalten. Neben der Möglichkeit, einen solchen Test dezentral durchzuführen, ist die schnelle Verfügbarkeit der Ergebnisse ein weiterer Hauptanspruch, da dies einen sofortigen Start einer individuell abgestimmten Therapie durch den Arzt ermöglicht. Vor-Ort-Tests beschränken sich bis heute aber auf wenige, leicht zu analysierende Parameter.

Eine schnelle, flexible und kostengünstige Vor-Ort Diagnostik zahlreicher molekular-diagnostischer Parameter könnte durch die Übertragung bestehender Prozesse auf mikrofluidische Systeme erreicht werden. Durch die Verwendung von mikrostruktu-rierten Systemen kann dabei der Reagenzien- und Platzbedarf weiter gesenkt werden, was die Portabilität eines Systems erhöht. Neben der oben skizzierten Verwendung als Vor-Ort-Test könnte ein solches System auch in der Synthese von biologischen Mole-külen, Molekülbibliotheken oder zu deren Aufreinigung verwendet werden. Für die Forschung ist der Anspruch an ein solches System die universelle Anwendbarkeit und Adaptierbarkeit an neue Reaktionsprotokolle.

1.2 Zielsetzung

Aus den oben genannten Ansprüchen an ein patientennahes Analysegerät leitet sich die etwas allgemeiner gefasste Zielsetzung dieser Arbeit ab:

Ziel der Arbeit war die Entwicklung eines Systems, das unter Verwendung von magnetischen Partikeln eine (bio-) chemische Reaktion in einem mikrofluidischen Bauteil ermöglicht. Das für den einmaligen Gebrauch konzipierte mikrofluidische Bauteil sollte, in einem wiederverwendbaren Bedien- oder Ansteuergerät platziert werden und auf diese Weise als ein passives Bauteil, d.h. ohne aktive Komponenten wie beispielsweise Pumpen oder Ventile, ausgestaltet sein. Die Platzierung des Bau-teils sollte ohne aufwändige Kontaktierung elektrischer oder fluidischer Art und ohne aufwändige Positionierung und Justierung möglich sein. Das Ansteuergerät sollte ebenfalls einen geringen Komplexitätsgrad besitzen. Des Weiteren bestand der An-spruch, dass das mikrofluidisches Bauteil einfach und kostengünstig zu fertigen ist, um als Wegwerfartikel einsetzbar zu sein. Die Geometrie des mikrofluidischen Bau-teils sollte möglichst universell für verschiedenste Anwendungen wie beispielsweise Aufreinigung, Analyse oder Synthese einsetzbar sein. Der Transport der Zielmoleküle sollte durch die Reaktionskammern des mikrofluidischen Chips mithilfe von magneti-schen Partikeln realisiert werden.

Schließlich sollte neben der Entwicklung des Partikeltransportsystems eine Charak-terisierung des Systems durchgeführt und der Machbarkeitsnachweis einer Reaktion im System gezeigt werden.

1.3 Gliederung der Arbeit

Der Einleitung folgen in Kapitel 2 zunächst eine Darlegung der Grundlagen der Arbeit und des Stands der Technik vergleichbarer Systeme. Neben Mikrofluidik und Magnetismus, den Kernelementen der Arbeit, wird dabei auf magnetische Partikel und deren Funktionalisierung sowie deren bisherigen Einsatz zur Durchführung einer Mehrschrittreaktion in mikrofluidischen Bauteilen eingegangen. Die daraus entwickelte Idee für ein neues Transportprinzip von magnetischen Partikeln in mikrofluidischen Kanälen wird in Kapitel 3 präsentiert. Hier geht es zunächst um das Konzept, wie Partikel im Allgemeinen in einem Kanal transportiert werden, während anschließend eine mögliche Anwendung vorgestellt wird. In Kapitel 4 werden die erarbeiteten Methoden und Materialien beschrieben. Die Ergebnisse der Charakterisierung des Systems und des Machbarkeitsnachweises des Konzeptes werden in Kapitel 5 erläutert: Zunächst werden zur Charakterisierung Einflussgrößen analysiert sowie Zielgrößen definiert und anhand einer Simulation die Einflüsse der verschiedenen Parameter bestimmt. Der zweite Teil besteht aus der Fertigung und Charakterisierung von Demonstratoren zur Validierung der Simulation, der Charakterisierung verschiedener Reaktionsmedien und dem Machbarkeitsnachweis einer Kopplungsreaktion analog zu dem in Kapitel 3 vorgestellten Konzept. Kapitel 6 schließt mit einer Zusammenfassung der in dieser Arbeit erzielten Ergebnisse ab und gibt einen Ausblick über mögliche Anwendungen des Partikeltransportsystems.

2 Grundlagen und Stand der Technik

2.1 Mikrofluidik

Die Mikrofluidik ist ein Gebiet der Mikrosystemtechnik (MST), das seit dem Ende der 1970-er Jahre erforscht wird. Die erste miniaturisierte Anwendung in Form eines Gaschromatographiesystems wurde von Terry et al. [4] vorgestellt. Bei diesem wurden auf einem Siliziumwafer eine 1,5 m lange Separationssäule sowie ein thermischer Leitfähigkeitssensor integriert. Erst durch Vorstellung des μ-TAS-Konzeptes [5] elf Jahre später erlangte die Mikrofluidik jedoch ausreichend Bekanntheit und zog weitere Forschungsarbeiten nach sich.

Als Fluid werden gemeinhin Flüssigkeiten und Gase bezeichnet. Daher beinhaltet die Mikrofluidik die Handhabung sowohl von Gasen als auch von Flüssigkeiten in Kanälen mit einem Querschnitt in der Größenordnung von 1 μm – 1 mm. Die hierzu notwendige Miniaturisierung von Kanälen birgt, ähnlich der MST, Vorteile in Hinsicht auf die Größe des Systems. Durch die Miniaturisierung von (Teil-)Komponenten wird die Größe des Gesamtsystems reduziert. Hierdurch kann eine höhere Portabilität erreicht werden. Um der Definition von MST zu genügen, muss mindestens eine der Komponenten ausschließlich mikrosystemtechnisch zu fertigen sein. Mikrofluidik birgt neben dem Vorteil einer Reduzierung von Reagenzien aufgrund kleiner Kanalquerschnitte und der Verkürzung von Reaktionszeiten durch kürzere Wege noch weitere Eigenschaften, die erst in mikroskopischen Systemgrößen in Erscheinung treten:

In Folge des kleinen Querschnittes bildet sich in dem Kanal eine laminare Strömung aus. Dies stellt einen signifikanten Unterschied zu makroskopischen Kanälen dar, da durch die fehlenden Turbulenzen das Mischen von Flüssigkeiten lediglich aufgrund von Diffusion stattfindet. Dieser Effekt wird genutzt, um Flüssigkeitspakete parallel zueinander ohne Vermischung zu transportieren [6-8] und wieder aufzutrennen [9]. Zum anderen kann durch eine geeignete Kanalgeometrie ein Mischvorgang gezielt erreicht werden. Im einfachsten Fall sind dies mäanderförmige Kanäle, jedoch auch komplexere zwei- und dreidimensionale Mischerstrukturen sind möglich.

Die oben genannte Diffusion ist ein physikalischer Prozess, der auf der ungleichen Verteilung eines Stoffes innerhalb eines Raumes basiert. Die Teilchen sind aufgrund ihrer thermischen Eigenbewegung bestrebt, sich gleichmäßig im gesamten zur Verfügung stehenden Raum auszubreiten. Anders als im Makroskopischen muss bei der Dimensionierung von mikrofluidischen Bauteilen berücksichtigt werden, dass die durch Diffusion zurückgelegten Distanzen in der Größenordnung der Abmaße des Bauteils liegen.

Die Oberfläche eines Mikrokanals ist relativ zum Volumen des Kanals sehr viel größer als bei einem makroskopischen Kanal. Reaktionen, die eine hohe Kanaloberfläche erfordern, können daher sehr viel einfacher durchgeführt werden. In einem Mikrowärmetauscher wird dies beispielsweise für eine schnelle Ableitung der Reaktionswärme genutzt.

Eine weitere Ausprägung des Oberfläche-zu-Volumen-Verhältnisses ist die Kapillarkraft, die für ein selbständiges Befüllen von Kapillaren sorgt. Die Kapillarkraft entsteht durch die Affinität einer Flüssigkeit, einen Feststoff zu benetzen und kann mittels des Kontaktwinkels der Flüssigkeit mit dem Kapillarmaterial quantifiziert werden. Die Relation aus der Oberfläche, auf der diese Kraft entsteht und dem Volumen, das von dieser Kraft bewegt wird, wird ebenfalls durch den Kapillardurchmesser bestimmt. Auch hier geht der Kapillardurchmesser invers proportional ein, wodurch die Kapillarkraft bei der Miniaturisierung eine große Rolle spielt.

2.2 Magnetismus

Magnetismus ist ein physikalisches Phänomen, das die Ausübung von Volumenkräften auf Materialien beschreibt, wenn diese sich in einem Magnetfeld befinden. Dies bedeutet, dass beispielsweise ein Eisenteil von einem Magnet angezogen wird.

Die zur Kraftausübung benötigten Magnetfelder können durch Elektromagnete und Permanentmagnete erzeugt werden. Elektrisch erzeugte Magnetfelder haben den Vorteil, dass die Feldstärke beliebig eingestellt werden kann und dass das Magnetfeld nach Bedarf schaltbar ist. Elektrisch durchflossene Leiter bilden ein zylindrisch um den Leiter wirkendes Magnetfeld aus. Wird ein solcher Leiter in Form einer Spule aufgewickelt, dann summiert sich das erzeugte Magnetfeld auf. Zusätzlich ist die erzeugte Feldstärke H proportional zum Strom. Permanentmagnete stellen eine Alternative zur Erzeugung von Magnetfeldern mit Spulen dar. Sie sind durch dauerhafte Fixierung der magnetischen Orientierung gekennzeichnet, wobei sie eine sehr hohe Feldstärke auf kleinem Raum erzeugen.

Für viele Anwendungen werden homogene Magnetfelder mit hohen Feldstärken benötigt. Bei Elektromagneten kann durch die Spulenform die Form des Magnetfeldes kontrolliert werden. Eine besondere Anordnung von Spulen ist das Helmholtz-Spulen-Paar, welches ein homogenes Magnetfeld innerhalb des zentralen Bereiches des von den Spulen eingeschlossenen Raumes erzeugt. Eine der bekanntesten Bauformen der Permanentmagnete ist der Hufeisenmagnet. Dieser liefert in einem begrenzten Bereich zwischen den Hufeisenschenkeln ebenfalls ein annähernd homogenes Magnetfeld. Die Erzeugung von starken, homogenen Magnetfeldern mit Permanentmagneten stellt eine große Herausforderung dar, lässt sich aber durch eine geeignete Anordnung mehrerer Permanentmagnete in Form einer Halbach-Anordnung platzsparend realisieren [7].

Wie im allgemeinen Sprachgebrauch bekannt, lassen sich Materialien in ihrer Reaktion auf Magnetfelder in „magnetische" Materialien, wie beispielsweise Eisen, und „unmagnetische" Materialien einteilen. Als Beispiele für unmagnetische Materialien gelten neben Holz und Wasser auch Metalle wie Aluminium und Kupfer. Die magnetischen Materialien reagieren hierbei auf ein Magnetfeld, indem sie angezogen werden. Auf die unmagnetischen Materialien haben Magnetfelder keinen signifikanten Einfluss.

Magnetische Materialien lassen sich weiter einteilen in u.a. ferromagnetische und paramagnetische Materialien. Die wichtigsten ferromagnetischen Materialien sind Eisen, Kobalt und Nickel sowie deren Legierungen. Werden ferromagnetische Materialien in einem Magnetfeld positioniert, so konzentrieren sie die Magnetfeldlinien. Dies geschieht durch eine spontane, zum äußeren Feld parallele Ausrichtung kleiner Bereiche im Material, der sogenannten Weissschen Bezirke. Bei steigender Feldstärke wachsen die parallel ausgerichteten Weissschen Bezirke auf Kosten der benachbarten Bezirke durch Verschiebung der Grenzen. Das Material weist dann eine nach außen hin messbare Magnetisierung auf. Ferromagnetische Materialien zeichnen sich durch eine Permeabilitätszahl μ_r deutlich größer als 1 aus. Die Permeabilitätszahl gibt den Faktor der Verstärkung des Magnetfeldes im Inneren des Materials an und ist für ferromagnetische Materialien in der Regel nicht konstant, sondern abhängig von der Feldstärke. Nach Abschalten des externen Feldes bleibt eine Restmagnetisierung, die sogenannte Remanenz. Durch Anlegen einer entgegengesetzten Koerzitivfeldstärke kann die Magnetisierung des Materials wieder auf den Wert null reduziert werden. Materialien mit einer geringen Koerzitivfeldstärke werden weichmagnetische Materialien genannt und haben eine kleine Hysterese. In Abb. 2-1 ist die Hysterese eines

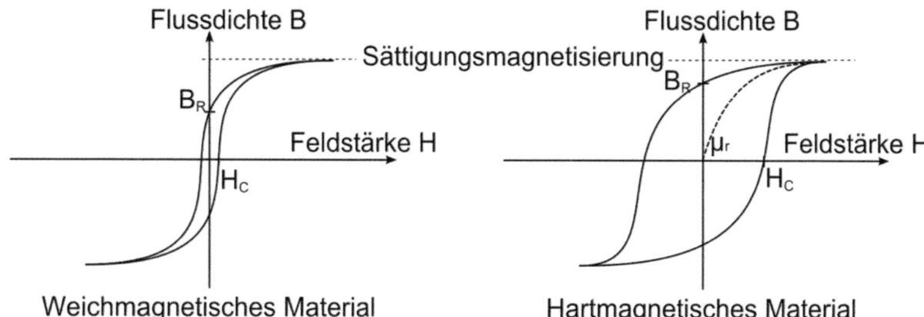

Abb. 2-1:   Hysteresekurve weich- und hartmagnetischer Materialien. Die von der Hysteresekurve eingeschlossene Fläche entspricht der Energie, die zum Ummagnetisieren des Materials benötigt wird.

weichmagnetischen Materials im Gegensatz zu einem hartmagnetischen Material dargestellt. Bei hartmagnetischen Materialien ist die Hysterese, und somit die Energie die in das Ummagnetisieren gesteckt werden muss, größer als bei weichmagnetischen Materialien. Aus diesem Grund werden hartmagnetische Materialien für Permanentmagnete verwendet.

Paramagnetische Materialien weisen einen Permeabilitätszahl μ_r etwas größer als 1 auf und verstärken daher magnetische Felder deutlich geringer als ferromagnetische Materialien. Dies geschieht durch eine voneinander unabhängige Ausrichtung der Elementardipole des Materials parallel zum äußeren Feld. Der wesentliche Unterschied zum Ferromagnetismus ist das Fehlen einer Remanenz. Wird das äußere Feld wieder entfernt, so verschwindet auch die Orientierung der Elementardipole.

Als unmagnetisch werden diamagnetische Materialien bezeichnet. Diese schwächen in ihrem Inneren ein externes Feld ab und erfahren daher in einem inhomogenen Magnetfeld eine Kraft in entgegengesetzter Richtung des Feldgradienten. Mit einer Permeabilitätszahl μ_r etwas kleiner als 1 ist dieser Effekt extrem gering, weshalb diamagnetische Materialien in der Regel als unmagnetisch wahrgenommen werden. Unter anderem Kohlenstoff und Wasser haben diamagnetische Eigenschaften, weswegen Wassertropfen und Lebewesen in einem starken Magnetfeld schweben [10]. Supraleiter sind mit einer Permeabilitätszahl von 0 die idealen diamagnetischen Materialien, da sie das externe Magnetfeld gänzlich aus ihrem Inneren verdrängen.

Neben den Eigenschaften des weichmagnetischen Materials spielt auch die Geometrie der weichmagnetischen Struktur eine Rolle [11]. Steht eine schlanke weichmagnetische Struktur parallel zu den Feldlinien eines Magnetfeldes, so konzentriert sie die Feldlinien deutlich stärker (Abb. 2-2C) als wenn sie senkrecht zu den Feldlinien orientiert ist (Abb. 2-2A). Konzentriert eine weichmagnetische Struktur die Feldlinien eines homogenen Magnetfeldes, dann bildet sich vor der Struktur eine Feldüberhöhung im Vergleich zum homogenen Feld, und seitlich der Struktur eine Feldschwächung aus. Diese Feldüberhöhung vor der Struktur ist in Abb. 2-2B dargestellt. Die dem Feld parallele Orientierung ist energetisch günstiger, so dass bei einer Drehung der Struktur um 90° mechanische Arbeit verrichtet werden muss.

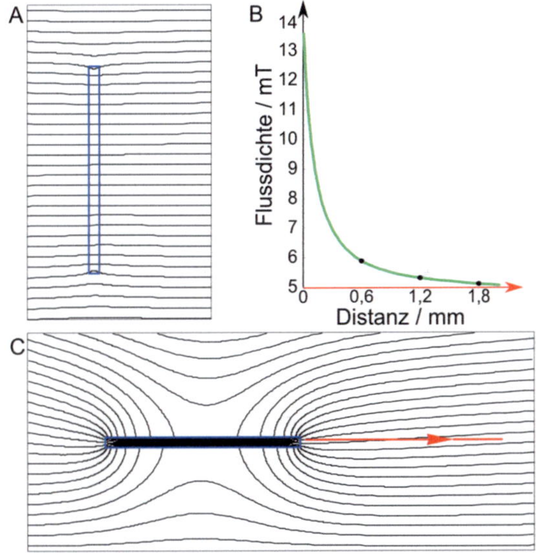

Abb. 2-2: Geometrieabhängigkeit der Konzentration des Magnetfeldes. Identische weichmagnetische Struktur mit einer Länge von 2 mm in zwei Orientierungen (A und C) in einem homogenen Magnetfeld von 5 mT. Steht die Struktur senkrecht zu den Feldlinien durchdringen diese die Struktur ohne signifikante Beeinflussung. Steht die Struktur parallel zu den Feldlinien, dann konzentriert diese das Hintergrundfeld wie in B dargestellt. Die Struktur erscheint geschwärzt durch die Feldlinien, die sie durchdringen.

Zur Erzeugung starker homogener Magnetfelder mit ausreichender räumlicher Ausdehnung muss ein großer apparativer Aufwand betrieben werden. Hier kommt der Miniaturisierung zusätzlich zu den in Abschnitt 2.1 genannten Vorteilen zu Gute, dass ein kleinerer Bauraum mit vordefinierten Feldeigenschaften benötigt wird. Des Weiteren werden in diesem Falle geringere externe Felder benötigt, um einen vergleichbaren lokalen Feldgradienten und somit eine vergleichbare Kraft auf ein Partikel zu erhalten.

2.3 Magnetische Partikel

Magnetische Partikel werden häufig in biologischen oder medizinischen Anwendungen verwendet. Da biologische Moleküle oder Gewebe eine geringe negative Suszeptibilität besitzen, haben Magnetfelder hierauf praktisch keinen Einfluss. Durch das Einbringen magnetischer Partikel in Gewebe oder die Bindung des Partikels an ein Molekül erwirbt der Verbund die magnetische Eigenschaft und kann durch ein Magnetfeld manipuliert werden.

In der Medizin werden magnetische Nanopartikel unter anderem zur Kontrasterhöhung in der Magnetresonanztomographie (MRT) verwendet [12]. In biologischen Anwendungen werden mittels magnetischer Partikel Moleküle separiert [9], detektiert [13], transportiert [14] oder synthetisiert. Die in biologischen Anwendungen verwendeten Partikel reichen je nach Anwendung vom nm-Bereich bis in den μm-Bereich.

Befindet sich ein magnetisches Partikel in einem inhomogenen Magnetfeld, so wirkt auf es eine Kraft in Richtung des Feldgradienten. Auf ein Partikel in einem homogenen Feld wirken hingegen keine magnetischen Kräfte. Das Partikel konzentriert das Feld lokal und hat ebenso wie die in Abb. 2-2 gezeigten weichmagnetischen Strukturen Einfluss auf das Feld außerhalb des Partikels. Sind mehrere Partikel in einem homogenen Feld und befinden sie sich im gegenseitigen Einflussbereich, so bewegen sie sich aufeinander zu und bilden eine Kette von Partikeln, die parallel zu den Feldlinien ausgerichtet ist.

Für die Anwendung von magnetischen Partikeln für eine Separation ist es notwendig, dass sich die Partikel nach Abschalten des Feldes wieder gleichmäßig in der Lösung verteilen. Ideal hierfür sind Partikel mit superparamagnetischen Eigenschaften. Dies bedeutet, dass sie sich in einem Magnetfeld wie ein weichmagnetisches

Partikel verhalten, jedoch nach Abschalten des Magnetfeldes keine eigene Magnetisierung behalten. Diese Partikel resuspendieren durch Brownsche Molekularbewegung oder lassen sich durch mechanisches Mischen wieder gleichmäßig verteilen.

Wirkt auf ein Partikel in einem Fluid ein inhomogenes Magnetfeld, so stellt sich ein Kräftegleichgewicht zwischen der magnetischen Kraft und der hydrodynamischen Widerstandskraft ein. Ist die Dichte der Partikel ungleich der des umgebenden Mediums, fließt zusätzlich die Gravitationskraft proportional zum Volumen in das Kräftegleichgewicht mit ein.

Die Kraft, die das Magnetfeld auf das Partikel ausübt, ist proportional zu Betrag und Gradient des Magnetfeldes, zum Durchmesser D_p in der dritten Potenz sowie zur Differenz der Suszeptibilitäten des Partikels χ_p und des umgebenden Mediums χ_f. Die Kraft $\vec{F}_m$ wirkt dabei in Richtung des Gradienten des Magnetfeldes $\vec{B}$. Dieser Zusammenhang ist in Gleichung 1 dargestellt, μ_0 bezeichnet hierbei die Vakuumpermeabilität.

$$\vec{F}_m = \frac{(\chi_p - \chi_f)\,\frac{\pi}{6}\,D_p^{\,3}}{2\,\mu_0}\,\nabla\,\vec{B}^2 \tag{1}$$

Die hydrodynamische Widerstandskraft $\vec{F}_h$ eines Partikels ist proportional zum Durchmesser D_p, der Relativgeschwindigkeit v_p des Partikels und der Viskosität η des umgebenden Mediums und ist in Gleichung 2 ausgedrückt [15].

$$\vec{F}_h = 3\,\pi\,D_p\,\eta\,\vec{v_p} \tag{2}$$

Durch Gleichsetzen der beiden oben genannten Gleichungen erhält man Gleichung 3. Diese gibt die Geschwindigkeit $\vec{v_p}$ eines Partikels unter Einfluss eines Magnetfeldes an.

$$\vec{v_p} = \frac{(\chi_p - \chi_f)\,D_p^{\,2}}{36\,\eta\,\mu_0}\,\nabla\,\vec{B}^2 \tag{3}$$

Als entscheidende Einflussgrößen für den Anwender sind Betrag und Gradient des Magnetfeldes sowie Partikeldurchmesser und die Viskosität des umgebenden Mediums zu sehen.

Neben ihrem Verhalten in magnetischen Feldern zeichnen sich magnetische Mikropartikel durch eine hohe Oberfläche in Relation zum Volumen aus. Dieses Verhältnis steigt linear mit der Reduzierung der Partikelgröße an. Auf der Oberfläche können über verschiedene Mechanismen Moleküle reversibel sowie irreversibel verankert werden. Der stärkste Kopplungsmechanismus ist die kovalente Bindung; jedoch kann ein Zielmolekül auch über Wasserstoffbrückenbindungen oder über elektrostatische Wechselwirkungen an das Partikel gebunden werden. Durch eine spezifische Funktionalisierung der Partikeloberfläche wird gewährleistet, dass im Kopplungsschritt nur der gewünschte Bindungspartner auf der Oberfläche immobilisiert wird [16].

Für eine Aufreinigung eines Zielmoleküles mit anschließender Weiterverwendung muss die Immobilisierung reversibel stattfinden. Wird lediglich ein Nachweis des Zielmoleküles auf der Oberfläche des Partikels angestrebt, kann irreversibel gebunden werden. Wird ein Makromolekül wie z.B. ein Protein immobilisiert, muss gewährleistet sein, dass die Bindungsstelle für den Nachweis frei zugänglich ist und nicht durch die Bindung des Moleküls auf die Oberfläche bereits belegt oder unzugänglich gemacht ist.

2.4 Streptavidin-Biotin-Bindung

Eine Möglichkeit der oben genannten Funktionalisierung von magnetischen Partikeln ist die Immobilisierung von Streptavidin auf der Oberfläche des Partikels. Streptavidin ist ein Eiweiß, das vier Kopplungsstellen für Biotin hat. Die Bindung zwischen Streptavidin und Biotin ist eine der stärksten nichtkovalenten Bindungen. Das Zielmolekül wird biotinyliert, d.h. mit Biotin verbunden. Nun kann die spezifische Interaktion von Biotin und Streptavidin genutzt werden, um das Zielmolekül auf dem Partikel zu binden. Durch Waschen mit einer geeigneten Elutionslösung lassen sich die Zielmoleküle wieder von der Oberfläche entfernen.

2.5 Fluoreszenz

Fluoreszenz ist die Eigenschaft von Fluorophoren, von sichtbarem Licht einer Wellenlänge angeregt werden zu können und die absorbierte Energie in Form von langwelligerer Strahlung wieder zu emittieren [17]. Fluoreszein ist ein Vertreter dieser Fluorophore und wird beispielsweise über den oben genannten Kopplungsmechanismus an ein Zielmolekül gebunden. Bei einer spezifischen Kopplung können dann durch Fluoreszenz ein Nachweis sowie eine Quantifizierung erbracht werden. Abb. 2-3 zeigt das Absorptions- und Emissionsspektrum von Fluoreszein und den Einfluss des pH-Wertes. Fluoreszein absorbiert bei einer Wellenlänge von 480 nm und emittiert bei 520 nm. Durch einen Filter wird die Anregungswellenlänge aus dem Strahlengang herausgefiltert und ausschließlich die Emission ist sichtbar.

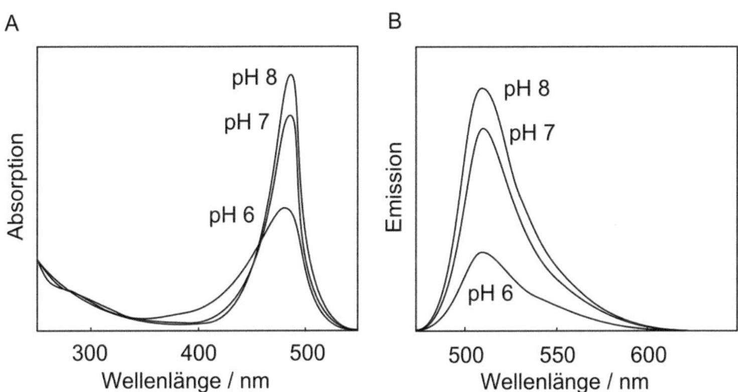

Abb. 2-3: Absorptions- und Emissionsspektrum von Fluoreszein.

2.6 Kompartimentierung durch nichtmischbare Flüssigkeitsplugs

Zur Abtrennung von Reaktionskammern in einem Kanal können nichtmischbare Flüssigkeiten verwendet werden. Die Flüssigkeit fungiert in diesem Fall als flexible Wand zwischen den Reaktionskammern und wird im Folgenden als Separatorplug bezeichnet. Die Aufgabe einer Kanalwand im Allgemeinen ist die mechanische sowie chemische Abgrenzung des Stoffes im Kanal. Bei der Verwendung von Flüssigkeiten zur Begrenzung von Reaktionskammern in Kanälen ist keine mechanische Begrenzung erwünscht. Für die chemische Begrenzung sieht das Lastenheft wie folgt aus:

Die wichtigste Aufgabe des Plugmaterials ist die Begrenzung der Diffusionswege des Zielmoleküls, das in der Reaktionskammer gehalten werden soll. Dies kann erreicht werden, indem nichtmischbare Medien für die Reaktionskammer und den Plug verwendet werden.

Da die Begrenzung eines mechanischen Durchtritts durch die Phasengrenze so gering wie möglich ausfallen soll, muss die Grenzflächenspannung zwischen dem Reaktionsmedium und dem Plug möglichst niedrig sein. Donahue et al. haben bereits

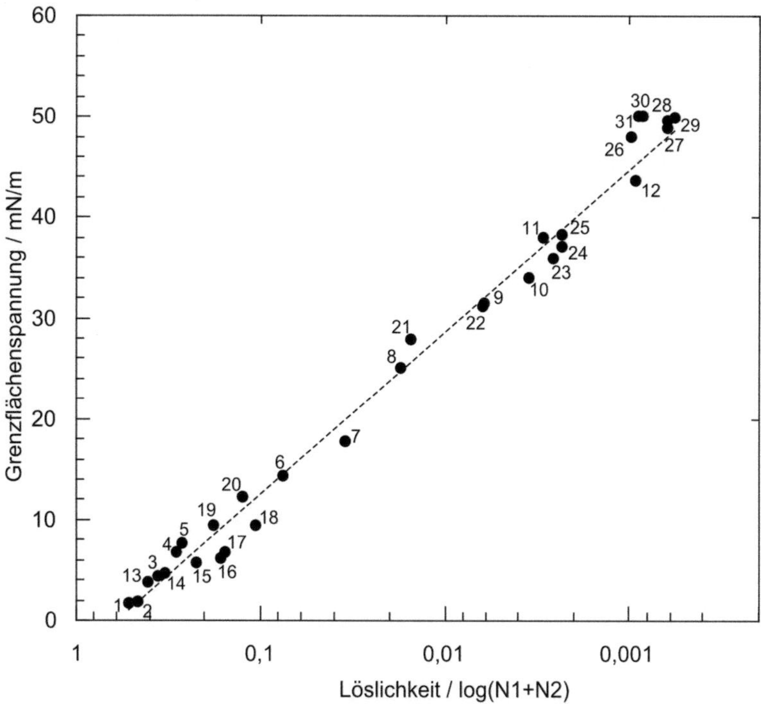

Abb. 2-4: Zusammenhang von Grenzflächenspannung und Löslichkeit von Wasser und ausgewählten Lösungsmitteln nach [18]. Der Logarithmus der Summe der gelösten Molfraktionen stellt nach Donahue ein Maß für die Löslichkeit dar. Die Lösungsmittel sind Tabelle 1 zu entnehmen.

1952 den Zusammenhang der Grenzflächenspannung und der Mischbarkeit zweier Lösungsmittel aufgestellt: Mit sinkender Grenzflächenspannung erhöht sich die Mischbarkeit [18]. Dies bedeutet, dass zwei gänzlich nichtmischbare Stoffe eine hohe Grenzflächenspannung haben. Steigt die Durchmischbarkeit der Stoffkombination an, so sinkt die Grenzflächenspannung. Ab einer Grenzflächenspannung von null ist eine völlige Durchmischbarkeit erreicht. Dieser Zusammenhang ist in Abb. 2-4 für ausgewählte Lösungsmittel in Kombination mit Wasser gezeigt. In Bezug auf diese diametral entgegengesetzt geforderten Eigenschaften für das Plugmedium stellt jede mögliche Auswahl eines Lösungsmittels einen Kompromiss dar. Als weitere mechanische Eigenschaft ist die Viskosität des Mediums zu betrachten. Diese soll möglichst niedrig und nach Möglichkeit im Reaktions- und Plugmedium gleich sein.

Tabelle 1: Grenzflächenspannung und Mischbarkeit ausgewählter Lösungsmittel zu Wasser nach [18].

Lösungsmittel	Nummer in Abb. 2-4	Grenzflächenspannung mN/m	Löslichkeit N1+N2
n-Butyl alcohol	1	1,8	0,5188
Isobutyl alcohol	2	2	0,4685
Cyclohexanol	13	3,9	0,414
Isoamyl Alcohol	14	4,8	0,3315
Aniline	15	5,8	0,223
Methyl n-propyl ketone	16	6,3	0,1652
n-Hexyl alcohol	4	6,8	0,2891
n-Heptyl alcohol	5	7,7	0,26728
Methyl buthyl ketone	19	9,6	0,181
Methyl amyl ketone	20	12,4	0,1261
n-Butyl acetate	6	14,5	0,075495
Nitrobenzene	8	25,2	0,017795
Methylene Chloride	21	28	0,0155
Ethyl bromide	9	31,3	0,0063
Chloroform	22	31,6	0,0062
Toluene	23	36,1	0,0026
Xylene	24	37,2	0,002324
Bromobenzene	11	38,1	0,002953
Ethylbenzene	25	38,4	0,002325
Carbon Tetrachloride	12	43,7	0,000927
Carbon Disulfide	26	48,1	0,00098
Pentane	27	49	0,00063
Hexane	28	49,7	0,000629
Octane	31	50,2	0,000903
Heptane	30	50,2	0,000849

In dieser Arbeit wurden folgende Modelle möglicher Zweiphasensysteme untersucht: Systeme die auf einer wässrigen und einer nichtpolaren Phase basieren und wässrige Zweiphasensysteme.

2.6.1 Nichtpolare Separatorplugs

Da die meisten biologischen Reaktionen Wasser als Trägermedium verwenden, genügt als Plugmaterial fast jedes nichtpolare Lösungsmittel mit ausreichender Nichtmischbarkeit. Wichtig ist hierbei, dass es ausreichend inert ist, um nicht als Reaktionspartner zur Verfügung zu stehen. Tabelle 1 zeigt eine Auswahl der von Donahue getesteten nichtpolaren Lösungsmittel und ihre Grenzflächenspannung mit Wasser. Als weitere mögliche Lösungsmittel mit geeigneter Viskosität und chemischer Inertheit seien hier n-Tetradekan und FC-72 (Fluoroinert, 3M) zu nennen.

2.6.2 Wässrige Zweiphasensysteme

Beijerinck entdeckte erstmals 1896, dass sich die trübe Mischung von Gelatine und löslicher Stärke in Wasser nach einer gewissen Zeit in zwei klare Schichten auftrennt [19]. Durch die umfangreichen Untersuchungen Per-Åke Albertssons seit 1958 wurde eine breite Kenntnis über die sogenannten wässrigen Zweiphasensysteme gewonnen [20-22]. Wässrige Zweiphasensysteme bestehen in der Regel aus Wasser und zwei weiteren Komponenten, welche entweder zwei Polymere oder ein Polymer und ein Salz sind. Neben Wasser als Lösungsmittel bilden auch weitere organische Lösungsmittel unter Zusatz obiger Komponenten Zweiphasensysteme [23].

Der Zusammenhang zwischen der Konzentrationen und dem Phasenverhalten lässt sich in einem Phasendiagramm darstellen. Abb. 2-5 zeigt exemplarisch das Phasendiagramm eines PEG 4000-Phosphat-Systems. Als Binodale wird die Grenzlinie zwischen dem Einphasengebiet und dem Zweiphasengebiet bezeichnet. Bei Konzentrationen unterhalb der Binodalen befindet sich das System im thermodynamischen Gleichgewicht und bildet eine klare, einphasige Flüssigkeit.

Ein System oberhalb der Binodalen mit einer gegebenen Zusammensetzung A der Teilkomponenten ist zunächst trüb und separiert dann in zwei klare Phasen mit den Zusammensetzungen B und C. Hierbei lassen sich aus den Positionen der Punkte B und C im Diagramm die jeweiligen Zusammensetzungen der beiden Phasen ablesen. Wird das System aus dem Punkt A mit dem Lösungsmittel weiter verdünnt, bewegt

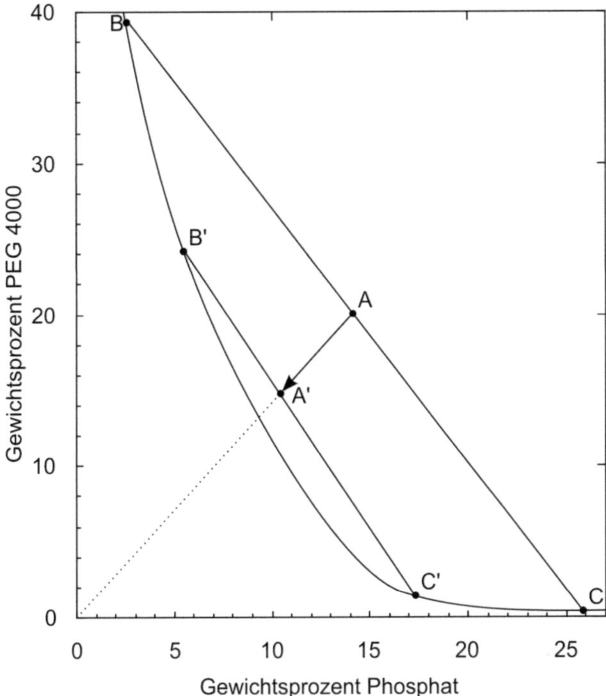

Abb. 2-5: Phasendiagramm eines PEG-Phosphat Systems. Ein gegebenes System A zerfällt in die zwei Phasen B und C. Wird Wasser hinzugegeben, so entsteht das verdünnte System A' welches in B' und C', mit neuen Partialkonzentrationen, zerfällt.

man sich auf der Ursprungsgeraden auf die Binodale zu. Hiermit verändern sich auch die Zusammensetzungen der Zerfallssysteme in den Punkten B' und C'; sie werden einander ähnlicher.

Die Teilungslinie entlang derer ein gegebenes System zerfällt wird durch Analyse der Phasen B und C bestimmt. Alle Systeme, die mit ihren Konzentrationen auf der Teilungslinie liegen, zerfallen in zwei Phasen gleicher Zusammensetzung; es unterscheidet sich jedoch das Volumenverhältnis der Phasen. Über das Hebelgesetz lässt sich aus dem Phasendiagramm das Volumen der entstehenden Phasen berechnen. Das relative Volumen der Phase B entspricht dem Verhältnis der Strecken AC zu BC.

Das Phasenverhalten wird von zwei Faktoren wesentlich beinflusst: Bei niedrigen Konzentrationen der Komponenten wird eine vollständige Durchmischung durch die steigende Entropie begünstigt. Bei Erhöhung der Konzentrationen auf einen Wert oberhalb der Binodalen dominiert die Interaktionsenergie der Moleküle mit der eigenen Art über die Entropie und es entstehen zwei Phasen. Diese beinhalten ihrerseits die höchsten noch mischbaren Konzentrationen und liegen daher auf der Binodalen. Für größere Moleküle ist dieser Effekt stärker. Daher reichen geringere Konzentrationen um ein Zweiphasensystem zu erzeugen.

Da die Phasen beide auf wässriger Basis sind, ist die Grenzflächenspannung zwischen den beiden Phasen deutlich niedriger als jene der in Abschnitt 2.6.1 vorgestellten nichtpolaren Separatorplugs. Die Grenzflächenspannung liegt im Bereich von 0,1 μN/m bis 0,1 mN/m [24].

Die Selektivität der Phasen für Makromoleküle wird in der Biotechnologie für die Aufreinigung von Proteinen und anderen biologischen Produkten genutzt. Aufgrund der großen Anzahl von möglichen Komponenten, welche Zweiphasensysteme erzeugen, und der möglichen Einflussgrößen gibt es eine große Vielfalt an Parametern, die an die Anforderung angepasst werden müssen [25].

2.7 Partikeltransport

Der Transport von magnetischen Partikeln in mikrofluidischen Kanälen ist sowohl am Institut für Mikrostrukturtechnik des KIT als auch von anderen Forschungsgruppen untersucht worden [9, 26-31]. Die bestehenden Partikeltransportsysteme können in zwei Gruppen kategorisiert werden: Aktive und Passive Systeme.

Aktive Systeme beinhalten elektrische Strukturen wie Spulen oder Leiter und müssen daher elektrisch kontaktiert werden. In der Regel befinden sich eine oder mehrere Spulen in der der Nähe des Kanals [29, 32]. Weniger komplex ist die Verwendung von Leitern, die lokal strukturiert [31] oder, wie in Abb. 2-6 dargestellt, mäandriert [27] im Kanalgrund angeordnet sind. Jede der Leiterschleifen erzeugt bei einem angelegten Strom ein lokales Feldmaximum. Durch eine alternierende Ansteuerung wird ein springender Feldgradient erzeugt, der die Partikel entlang des Kanals oder eines vordefinierten Pfades transportiert. Aufgrund der Ströme, die zum Betrieb notwendig sind, kann es zu einer Wärmeentwicklung kommen, die die angestrebte Reaktion beeinflussen oder gar verhindern kann [27, 30].

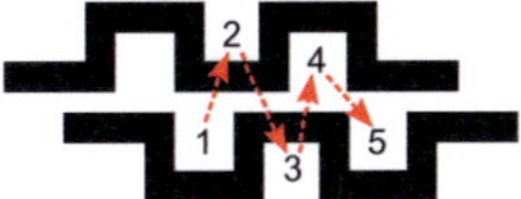

Abb. 2-6: Aktives Transportsystem mittels mäandrierender Leiter. Draufsicht auf die Leiter im Kanalboden. Die Partikel werden entlang des eingezeichneten Pfades transportiert, wenn die Leiter abwechselnd mit Strömen verschiedener Vorzeichen beaufschlagt werden [27].

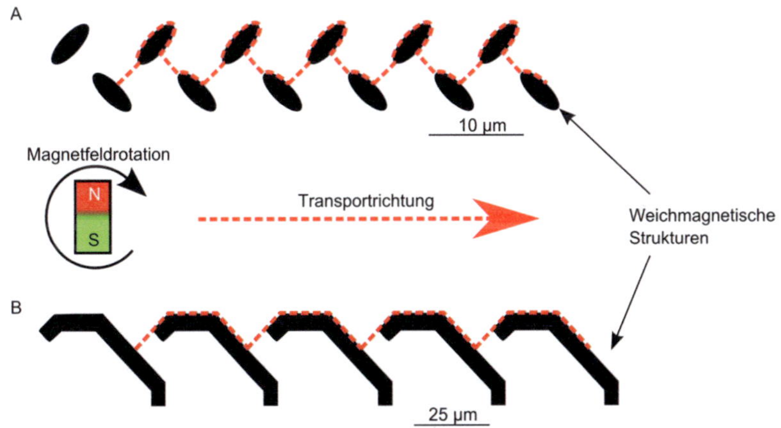

Abb. 2-7: Passive Transportsysteme mittels weichmagnetischer Strukturen im Kanal. Draufsicht auf die im Kanalboden eingelassenen Strukturen A [28] und B [26]. Durch Rotation des Magnetfeldes werden unterschiedliche Partien der Strukturen aufmagnetisiert und es entsteht ein wandernder Feldgradient, der die Partikel entlang des eingezeichneten Pfades transportiert.

Diesem Nachteil versucht die zweite Gruppe gerecht zu werden: Passive Systeme konzentrieren lokal ein externes Magnetfeld durch eingebaute weichmagnetische Strukturen, wie in Abschnitt 2.2 dargestellt. Diese Strukturen können verschiedene Geometrien aufweisen, in der Regel beinhalten sie jedoch alle das in Abb. 2-7 gezeigte Muster, dass eine längliche Struktur auf den flachen Teil einer anderen Struktur zeigt [26, 28]. Durch eine Rotation des externen Magnetfeldes werden die Partikel auf der Kante einer weichmagnetischen Struktur entlang gezogen bis sie schließlich im Kraftfeld einer benachbarten Struktur auf diese überspringen. Die passiven Systeme sind deutlich einfacher in Fertigung und Handhabung, sind jedoch aufgrund des Transportes im Kontakt mit der Kanalwand in der Transportgeschwindigkeit auf einige μm/s begrenzt.

Ein weiteres Partikeltransportsystem wurde am IMT entwickelt [33], welches zunächst als Ausgangspunkt für diese Arbeit galt und daher hier noch mal im Detail vorgestellt wird:

In einem fluidischen Kanal befinden sich kleine weichmagnetische Säulen mit einem Abstand von 40 μm. Unter Einfluss eines externen Magnetfelds erzeugen die weichmagnetischen Säulen lokale Feldgradienten. Wie in Abb. 2-8 dargestellt, sind magnetische Partikel im Kanal, welche durch Einschalten eines externen Magnetfeldes von der Flüssigkeit separiert werden. Nach Abschluss der Separation wird die Flüssigkeit im Kanal rückwärts gepumpt. Nach Beendigung des Pumpvorgangs wird

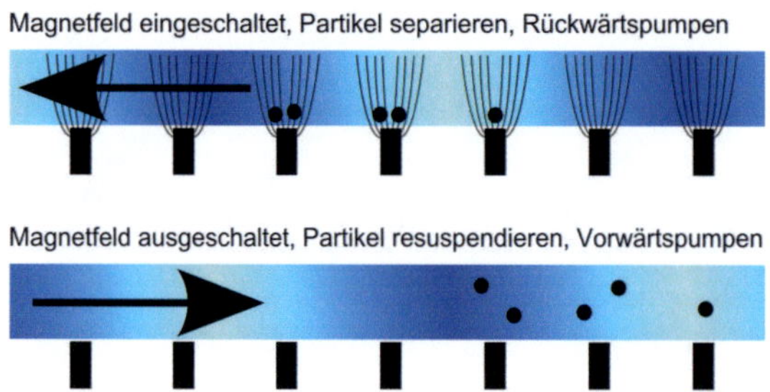

Abb. 2-8: Partikeltransport mit der magnetischen Ratsche. Die schwarzen Balken stellen weichmagnetische Strukturen dar, die ein schaltbares externes Feld im Kanal konzentrieren. Die wesentlichen Transportschritte sind das Rückwärtspumpen der Flüssigkeit bei eingeschaltetem Magnetfeld und das Vorwärtspumpen der Flüssigkeit samt der Partikel bei ausgeschaltetem Magnetfeld.

das Magnetfeld abgeschaltet und die Partikel resuspendieren wieder in der Lösung. Mit einem weiteren Pumpvorgang werden Partikel und Flüssigkeit um das gleiche Volumen vorwärtsgepumpt. Die Position der Flüssigkeitssäule im Kanal kann als quasistatisch betrachtet werden, da ein oszillierendes Vor- und Rückpumpen vorliegt. Da der fluidische Chip zum Funktionieren des Systems lediglich von der (externen) Pumpe kontaktiert werden muss, ist das System auch der Kategorie der passiven Systeme zuzuordnen. Bei der fluidischen Kontaktierung muss beachtet werden, dass eventuelle Elastizitäten und Gasblasen im Kanal zu vermeiden sind, da sonst die Oszillation abgedämpft wird.

2.8 Mehrschrittreaktion in mikrofluidischen Bauteilen

Die in Abschnitt 2.3 vorgestellten magnetischen Partikel werden in der Laborroutine bereits eingesetzt [34]. Die benötigten Reagenzien können zusätzlich durch Nutzung eines mikrofluidischen Bauteils reduziert werden. In einem von Ahn et al. vorgeschlagenen System werden die Partikel in Lösung an einem Elektromagneten vorbeigepumpt und so auf Knopfdruck von der Lösung separiert [35]. Durch Umspülen mit verschiedenen Reagenzien können hiermit Mehrschrittreaktionen durchgeführt werden. Dies entspricht einer Miniaturisierung/Automatisierung der bestehenden Laborroutine mit Reaktionsgefäßen, Pipetten und Separatormagneten. Ein weiterer

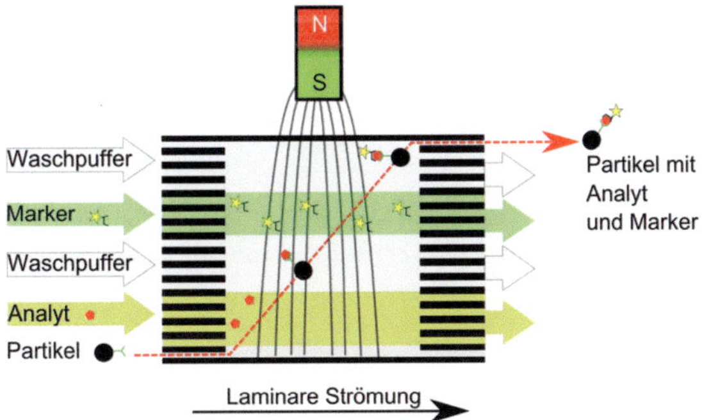

Abb. 2-9: Mehrschrittreaktion mittels magnetischer Partikel in einem mikrofluidischen Bauteil [8]. Die angegebenen Fluide strömen parallel ohne Durchmischung. Partikel werden mit einem Magnetfeld senkrecht zur Strömungsrichtung bewegt, die Reaktion findet auf der Partikeloberfläche statt.

Ansatz für einen Aufbau, der die Partikel in Kontakt mit verschieden Reagenzien führt, nutzt die laminare Strömung in mikrofluidischen Bauteilen. Wie in Abb. 2-9 dargestellt, werden hierzu magnetische Partikel senkrecht zu mehreren parallelen laminaren Reagenzienströmen bewegt [6-8].

Zur Synthese von DNA in einem mikrofluidischen Kanalnetzwerk wird von Ikeuchi et al das in Abb. 2-10 gezeigte fluidische Bauteil vorgeschlagen [36]. Mittels eines beweglichen Magneten unterhalb des Chips wird eine Stahlkugel durch den Kanal gerollt und passiert so die verschiedenen Reaktionskammern. Deflektionsstrukturen gewährleisten hierbei die Ansteuerung der richtigen Reaktionskammer. Die Kugel hat einen Durchmesser von 1 mm und ist auf der Oberfläche funktionalisiert. Da pro Durchlauf nur eine Kugel im System sein kann, ist die für eine Reaktion zur Verfügung stehende Oberfläche auf die einer Kugel begrenzt.

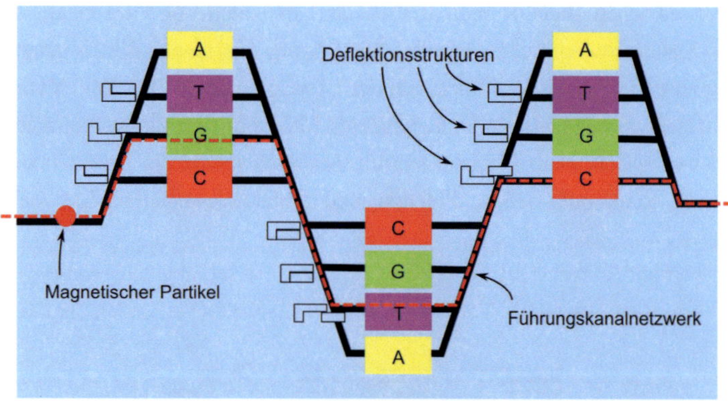

Abb. 2-10: Synthese von DNA über einen von Ikeuchi vorgeschlagenen fluidischen Chip. Der magnetische Partikel wird entlang des vordefinierten Pfades durch die Reaktionskammern gerollt.

3 Konzept

3.1 Partikeltransportsystem

Basierend auf dem Stand der Technik wurde ein passives Partikeltransportsystem entwickelt, welches die Vorteile von passiven Systemen (einfacher Aufbau, keine Wärmeentwicklung) und aktiven Systemen (Transport mit diskontinuierlichem Kontakt mit der Kanalwand) vereint.

Im hier vorgestellten Partikeltransportsystem werden magnetische Partikel zickzack-förmig durch einen mikrofluidischen Kanal transportiert. Dies geschieht durch abwechselnd geschaltete Magnetfeldorientierungen, welche die Partikel wechselseitig zu den Kanalwänden führen, wie in Abb. 3-1 dargestellt. Die Feldstärke beeinflusst hierbei die Zeit, die ein Partikel von der einen zur anderen Kanalwand braucht. Über die Umschaltfrequenz kann die Haltezeit des angekommenen Partikels auf der anderen Kanalseite kontrolliert werden.

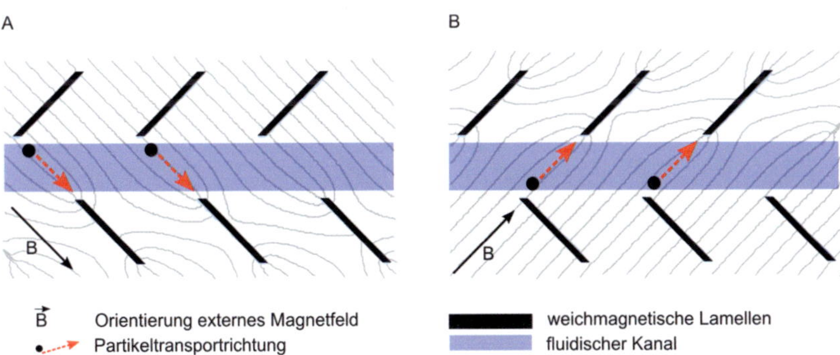

Abb. 3-1: Konzept des vorgeschlagenen Partikeltransportsystems: Die Partikel werden zu den weichmagnetischen Lamellen gezogen, die parallel zum externen Feld liegen, da nur diese aufmagnetisiert werden. Nach Umschalten der Orientierung des externen Feldes werden die Partikel zu den Lamellen auf der gegenüberliegenden Seite gezogen.

Die Magnetfeldgradienten im Kanal werden durch das Überlagern weichmagnetischer Lamellen mit einem homogenen Feld erzeugt. Das homogene Magnetfeld wird extern erzeugt und zwischen den Orientierungen parallel zu den Lamellen hin und her geschaltet. Durch die schlanke Geometrie der Lamellen bildet sich nur eine Feldverstärkung vor jenen Lamellen aus, die parallel zu den Magnetfeldlinien angeordnet sind. Die Grundlage dieses Mechanismus ist in Abschnitt 2.2 illustriert. Da alle Lamellen einer Kanalseite gleichzeitig den Feldgradient ausbilden, können, wie in Abb. 3-1 gezeigt, mehrere Partikel an verschiedenen Stellen im Kanal ohne gegenseitige Beeinflussung parallel transportiert werden. Die Trennung zwischen der aktiven externen Magnetfeldquelle und dem fluidischen Kanal mit weichmagnetischen Strukturen entspricht dem in der Zielsetzung formulierten Anspruch an ein passives Bauteil.

Für das Partikeltransportsystem wurden europäische Schutzrechte beantragt.

3.1.1 Technische Beschreibung

Die Lamellen einer Gruppe sind auf einer Kanalseite im Winkel von 45° zum Kanal angeordnet (siehe Abb. 3-2). Die Lamellen der zweiten Gruppe befinden sich senkrecht zur ersten Gruppe auf der anderen Kanalseite. Die Spitzen der Lamellen der einen Kanalseite zeigen jeweils auf die Spitzen der Lamellen auf der anderen Kanalseite und umgekehrt.

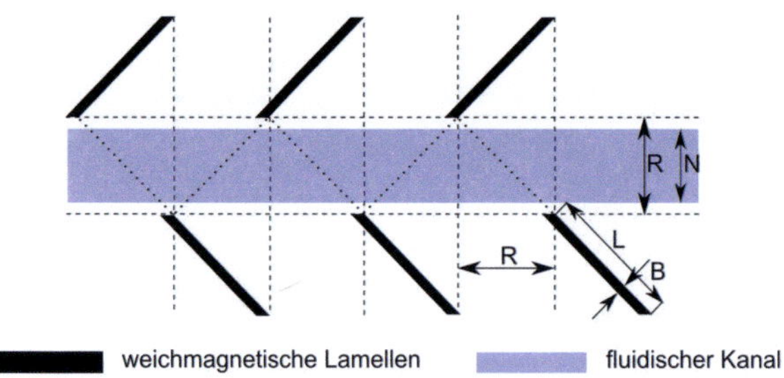

Abb. 3-2: Geometrie des Partikeltransportsystems. Siehe Tabelle 2 für die Bezeichnungen.

Die Geometrie des Partikeltransportsystems basiert auf einem quadratischen Raster und ist so ausgewählt, dass die Lamellen auf den Diagonalen zwischen den Knotenpunkten des Rasters liegen. Der fluidische Kanal befindet sich zwischen den beiden Lamellengruppen. Die anfänglich ausgewählten Werte für das Raster, die Breite des fluidischen Kanals sowie die Breite und Länge der Lamellen sind in Tabelle 2 angegeben. Die Geometrie der Lamellen und die Breite des Kanals werden ausgehend von diesen Initialwerten variiert, um das System zu charakterisieren.

Tabelle 2:   Bezeichnung und Initialgrößen des Partikeltransportsystems

	Bezeichnung in Abb. 3-2	Ausgangsgröße / Verknüpfung mit R	Dimensionen des Demonstrators / μm
Raster	R	$800\,\mu$m	800
Kanalbreite	N	$0{,}5 * R$	400
Lamellenlänge	L	$\sqrt{2} * R$	1130
Lamellenbreite	B	$1/22 * R$	50

3.2 Mehrschrittreaktion

Im oben vorgestellten Partikeltransportkonzept werden die Partikel aufgrund ihrer magnetischen Eigenschaft transportiert. Diamagnetische Stoffe, wie z.B. die im Kanal befindliche Flüssigkeit, sind vom Magnetfeld unbeeinflusst und werden nicht gepumpt. Als Folge findet eine Relativbewegung zwischen Partikel und Medium statt. Mit diesem System können Mehrschrittreaktionen nach folgendem Konzept durchgeführt werden:

Verschiedene Reaktionspartner sowie Wasch-/ Pufferlösungen werden in der Reihenfolge der Reaktion in den Kanal eingefüllt, wie in Abb. 3-3 gezeigt. Die magnetischen Partikel werden nun durch den Kanal transportiert und gelangen so in Kontakt mit jedem der eingefüllten Medien. Die Reaktion findet auf der Oberfläche der Partikel statt. Global kann die Transportzeit für alle im System befindlichen Partikel über die Feldstärke und die Umschaltzeit gesteuert werden. Da alle im System befindlichen Partikel parallel transportiert werden, wird die individuelle Reaktionszeit des Partikels mit dem Reaktionspartner durch die Länge des Flüssigkeitspaketes definiert.

Der Nachweis eines Zielmoleküls kann durch eine Detektion eines gekoppelten Fluoreszenzmarkers im Kanal selber durchgeführt werden. Für Synthese und Aufrei-

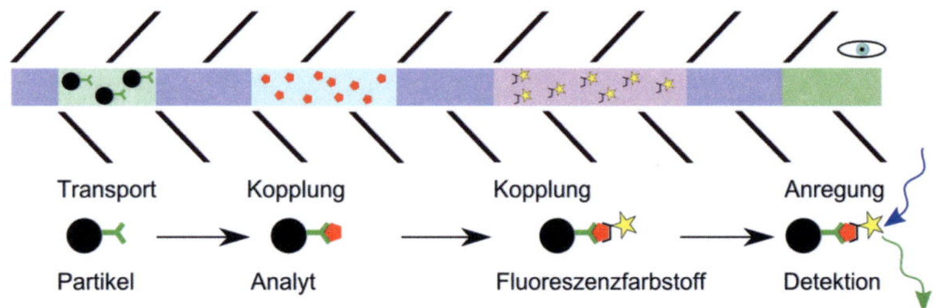

Abb. 3-3: Schema einer möglichen Mehrschrittreaktion im Magnetpartikeltransportsystem. Der Partikel durchwandert die verschiedenen stationär stehenden Reagenzien. Die Reaktion findet auf der Partikeloberfläche statt.

nigung von Biomolekülen ist das Auffangen der Partikel am Ende der Reaktionsstrecke vorgesehen.

Im Falle von Reagenzien mit einem hohen Diffusionskoeffizienten können zur Begrenzung der Diffusion die in Abschnitt 2.6 vorgestellten nichtmischbaren Flüssigkeitsplugs verwendet werden.

4 Material und Methoden

4.1 Simulation des Partikeltransports

Das in Abschnitt 3.1.1 vorgestellte Layout wurde in der Simulationssoftware Quickfield untersucht. Quickfield (V 4.2, Terra Analysis, Dänemark) ermöglicht die Simulation von zweidimensionalen magnetischen Layouts mit verschiedenen Materialien. Das homogene Magnetfeld, das im Konzept extern erzeugt wird, ist in der Simulation durch die Randbedingungen des Simulationsbereiches eingeführt. Dieses weist einen Wert von 5 mT auf, sofern nicht anders genannt. Das Material der weichmagnetischen Strukturen ist aus der Materialbibliothek von Quickfield entnommen und hat eine Sättigungsmagnetisierung von 1,038 T (Permalloy 78). Alle übrigen Materialien werden durch Luft (Air) aus der Materialbibliothek repräsentiert, welche eine Suszeptibilität von 0 aufweist. Quickfield erweitert die zweidimensionale Struktur aus der Zeichenebene heraus ins Unendliche [37]. Es gibt daher keine Feldvariation in z-Richtung und ein Vergleich mit den Experimenten ist nur qualitativ möglich, da die Lamellen im Demonstrator eine endliche Länge haben. Aus Quickfield werden die Magnetfeldkomponenten in einem Raster exportiert, das 1/10 der kleinsten Merkmalsgröße der weichmagnetischen Strukturen aufweist, in der Regel $5\,\mu$m. Ferner ist um den relevanten Bereich herum die Struktur um ein vielfaches erweitert, um Randeffekte auszuschließen. Basierend auf diesen Felddaten wurden, in einer in der Berechnungssoftware Octave (GNU Octave, USA) geschriebenen Simulation, die Geschwindigkeitsvektoren an den Rasterpunkten für den gegebenen Partikeldurchmesser anhand von Formel 3 berechnet (siehe Abschnitt 2.3). Das Partikel wird hierbei auf einen Einzeldipol reduziert, der im Schwerpunkt sitzt. Die Vereinfachung durch Vernachlässigung der Feldänderung im Volumen des Partikels führt nach [38] nur zu einem geringen Fehler, solange der Partikeldurchmesser maximal in der Größenordnung der Breite der weichmagnetischen Lamellen liegt. Soweit nicht anders vermerkt, wurde zu dieser Berechnung die magnetische Suszeptibilität von Wasser $\chi_f = -9{,}5 \times 10^{-6}$ und den magnetischen Partikeln $\chi_p = 0{,}95$ unter der Abschätzung von einem Magnetitgehalt von 30 %, sowie ein Partikeldurchmesser von $D = 30\,\mu$m herangezogen [39].

Für einen funktionierenden Partikeltransport wurden durch Einführen von Projektionsbedingungen der Bewegungsvektoren Kanalwände erzeugt. Auf die Kanalwand zeigende Bewegungsvektoren wurden nahe der Kanalwand auf diese projiziert, um die tangentiale Komponente zu erhalten. Die normal zur Kanalwand stehende Kraftkomponente erzeugt Reibung, welche naturgemäß entgegen der Bewegungsrichtung wirkt und durch eine Gleitreibungszahl von 0.2 für den Reibungsfall PMMA auf PVC abgeschätzt wurde. Die für die Simulation effektive Kanalbreite bezieht sich auf den Mittelpunkt der Partikel. Für die reale Kanalbreite wird der jeweilige Partikeldurchmesser hinzuaddiert. Die Partikelwanderungsbahn wird schrittweise berechnet. Die Schrittweite ist beschränkt auf die Rastergröße in x- und in y-Richtung. Somit wandert das Partikel im Falle der Diagonalen maximal die 1,4-fache Strecke des Rasters. In Bereichen von schnellen Änderungen der Partikelgeschwindigkeit wird die Schrittweite automatisch auf 1/10 des Rastermaßes reduziert, um ein „Überschwingen" der Partikelbahn zu vermeiden. Dies ist in der Regel an den Stellen hoher Feldgradienten oder an den Kanalwänden der Fall. Feldwerte zwischen den Rasterpunkten werden bilinear interpoliert.

Um die exakte Halteposition zu bestimmen, in der sich ein Partikel unter einer der beiden Erregungsrichtungen des homogenen externen Feldes nicht weiter bewegt, wurden zwei Haltebedingungen implementiert. Wenn eine dieser Bedingungen erfüllt ist, wird die Erregungsrichtung des externen Feldes um 90° gedreht, und das Partikel wandert unter dem Einfluss dieses Feldes auf die andere Kanalseite. Die erste Haltebedingung ist erfüllt, wenn die Partikelgeschwindigkeit unter einen Schwellenwert fällt. Dieser Schwellenwert ist auf einige μm/s definiert und liegt so bei einem Bruchteil der mittleren Transportgeschwindigkeit. Für den Fall, dass ein Partikel ohne eine Lateralbewegung vor und zurück wandert, wird ebenfalls die Haltebedingung als erfüllt erklärt, da sonst das Partikel zeitlich unbegrenzt hin und her wandert. Dies kommt in der Regel an der Kanalwand in Nähe der aufmagnetisierten Lamelle vor, da hier durch den Transportschritt eine Grenze von entgegen gesetzten Bewegungsvektoren überschritten werden kann.

Die Simulation ermöglicht eine graphische Darstellung des Transportpfades und der Graphen der Transportgeschwindigkeit über die zurückgelegte Distanz und verstrichene Zeit. Des Weiteren wird zur Untersuchung der Einflüsse der verschiedenen Geometrieparameter die Transportzeit, d.h. die Zeit die ein Partikel von einem Haltepunkt zum nächsten braucht, gespeichert und als Zielgröße des Systems untersucht.

4.2 Demonstratorfertigung durch Zerspanung

In einen PMMA-Block wurde ein Kanal und mehrere im 45° Winkel dazu stehende Schlitze eingefräst. Die Fräsarbeiten wurden an einer KOSY-Tischfräsmaschine (Max Computer GmbH, Schömberg) durchgeführt. In den gefrästen Kanal wurde ein PVC-Schlauch eingelegt, der den fluidischen Kanal darstellt. Die gefräste Kanalbreite entspricht dem in Abschnitt 3.1.1 genannten Rastermaß und beträgt 0,8 mm. Durch Verwendung verschiedener Schläuche mit identischem Außendurchmesser konnten

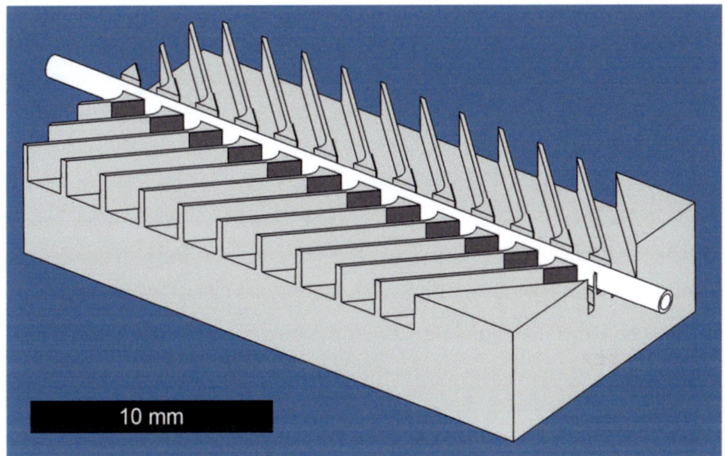

Abb. 4-1: CAD-Teil des durch Zerspanung gefertigten Demonstrators. Die weichmagnetischen Lamellen sind dunkel schattiert, der Schlauch ist reversibel fixiert.

verschiedene Verhältnisse des inneren zum äußeren Durchmesser realisiert werden. Weichmagnetische Lamellen im Format 1131 μm x 1300 μm, hergestellt durch Ausstanzen aus 50 μm starken Permalloy Blechen (Mumetall, Haug GmbH, Deutschland), wurden in die Schlitze eingesetzt und mittels UV-aushärtendem Kleber (1187-M, Dymax) fixiert. Der so hergestellte Demonstrator ist in Abb. 4-1 dargestellt.

4.3 Lithographische Demonstratorfertigung

Zusätzlich zu der oben genannten Methode wurden Demonstratoren über lithographische Fertigungsmethoden hergestellt. Die Lithographie ermöglicht größere Freiheit bei der zweidimensionalen Gestaltung des Kanals und der weichmagnetischen Lamellen.

4.3.1 Layout

Das über die Grundstruktur hinausgehende Layout wurde auf Basis der in Abschnitt 4.1 vorgestellten Simulation entwickelt. Die Fläche eines 4 Zoll Wafers wurde in 12 quadratische Felder mit einer Kantenlänge von 20 mm eingeteilt, wie in Abb. 4-2 dargestellt. Neben der Grundstruktur befinden sich zusätzlich noch Variationen der Kanalbreite, Lamellenlänge und Lamellenbreite auf dem Wafer, mit denen eine Verifikation der Ergebnisse der Simulation möglich ist. Des Weiteren wurde die Simulation verwendet um Abzweigungen und Kanalknicke um 90° zu entwickeln. Folglich beinhaltet das Layout Teststrukturen für Kanalgabelungen und -zusammenführungen, Kanalknicke und darauf basierende Mäanderstrukturen sowie kleine Kanalnetzwerke wie ein Kreistransport und eine Bypassstruktur.

Zusätzlich befinden sich auf dem Layout Positionsmarken, welche die Positionierung relativ zur Galvanikstartschicht ermöglichen und eine Aussparung für die Kontaktierung der Galvanikstartschicht. Das Layout wurde mit LayoutEditor (http://www.layouteditor.net/) erstellt und von Delta Mask (Enschede, NL) als Chrommaske geschrieben.

4.3.2 Fertigung

Zusätzlich zum Gestaltungsspielraum für Kanäle/Kanalnetzwerke in zwei Dimensionen der durch die lithographische Fertigung ermöglicht wird, besteht der Wunsch, durch den Kanal mit einem Mikroskop durchsehen zu können. Dies ermöglicht die Unterscheidung der dunkel erscheinenden Partikel vor einem hellen Hintergrund und erleichtert somit die anschließende Bildverarbeitung. Aus diesem Grund wurde als Substratmaterial Glas (Borofoat 33, Schott) ausgewählt. Auf dem Glaswafer wird eine Chrom-Gold-Schicht (CrAu) strukturiert welche für die NiFe-Galvanik als Startschicht fungiert (siehe Abb. 4-3/A-D). Im Folgenden wird eine ca. 100 μm dicke SU8

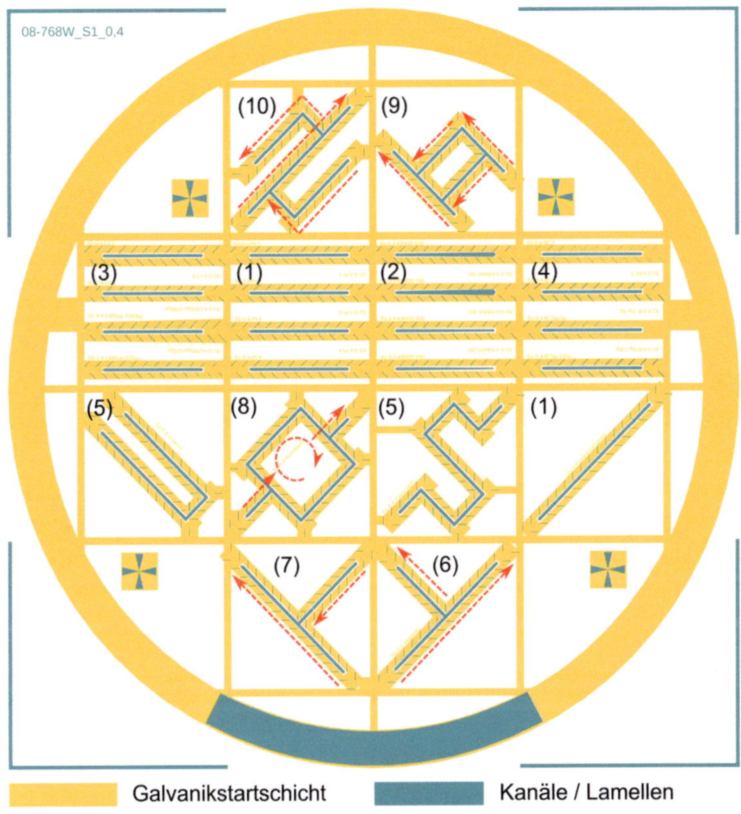

Abb. 4-2:   Überlagerte Darstellung der Masken der Galvanikstartschicht und der Kavitäten. Fluidische Kanäle und Kavitäten für die weichmagnetischen Lamellen unterscheiden sich durch die Galvanikstartschicht im Grund der Kavität. Zu sehen ist die Grundstruktur (1), Variationen der Kanalbreite (2), Lamellenlänge (3) und – Breite (4) sowie Mäanderstrukturen (5), Abzweigungen (6) und Zusammenführungen (7), ein Kreistransport (8), eine Bypassstruktur (9) und eine Kombination verschiedener Elemente (10). Die Pfeile geben die Transportrichtungen an. Detailvergrößerungen der Felder 1-4 sind im Anhang A dargestellt.

Schicht aufgebracht (Negativresist) und durch eine positionierte Belichtung relativ zur CrAu-Schicht belichtet. Hierbei entstehen die Kavitäten mit CrAu im Grund und die Kanäle ohne CrAu-Schicht (Abb. 4-3/J). In den Kavitäten wird durch einen NiFe-Galvanik weichmagnetisches Material abgeschieden (Abb. 4-3/K. Die Abscheidung findet bei einer Stromdichte von 50 μA/mm², einem pH-Wert von 2,8 und bei einer Temperatur von 50 °C statt [40]. Die Wachstumsrate wurde gravimetrisch bestimmt und beträgt 4 μm/h. Die Materialzusammensetzung des Nickels im Verhältnis zu Eisen wurde durch energiedispersive Röntgenspektroskopie (EDX) bestimmt und beträgt ca. 82:18. Die Haftung des Resists auf dem Glaswafer wurde durch Aufrauen mittels Sandstrahlen (Edelkorrund, 20 μm) auf ein ausreichendes Niveau gehoben. Nach der galvanischen Abscheidung werden die Strukturfelder mittels eines Diamantsägeblatts vereinzelt.

Der Kanal wird mit PDMS gedeckelt, welches aufgrund der guten Verarbeitbarkeit und der einfachen Möglichkeiten der fluidischen Kontaktierung ausgewählt wurde. Zusätzlich bietet PDMS die Möglichkeit schnell neue Prototypen mit zusätzlichen fluidischen Zugängen zur Deckelung oben genannter Kanalnetzwerke zu fertigen. Hierzu wurde ein PDMS-Master aus einem Siliziumwafer und Resist (Schichtdicke 90μm) erzeugt (Abb. 4-3/A-D). Durch Verwendung eines Positivresists kann ebenfalls die Maske der Kanäle und Kavitäten verwendet werden. Silikon und Härter (Sygard 184, Dow Corning, Midland, USA) werden im Verhältnis 10:1 gemischt und entgast. Dies wird auf den Master gegossen und im Ofen bei 65 °C für mindestens 6 h ausgehärtet. Diese Struktur wird nach dem Aushärten vom Master getrennt und Zugangslöcher gestanzt. Zum Deckeln der Kanalstruktur wird die erzeugte PDMS-Struktur mit ca. 5 μm PDMS auf der zu bondenden Fläche benetzt und 25 min bei 65 °C vorgebacken, anschließend auf der Kanalstruktur positioniert und fertig ausgehärtet (Abb. 4-3/L).

Die Schritte A, B und E-J wurden durch den Funktionsbereich Mikrofertigung am IMT ausgeführt.

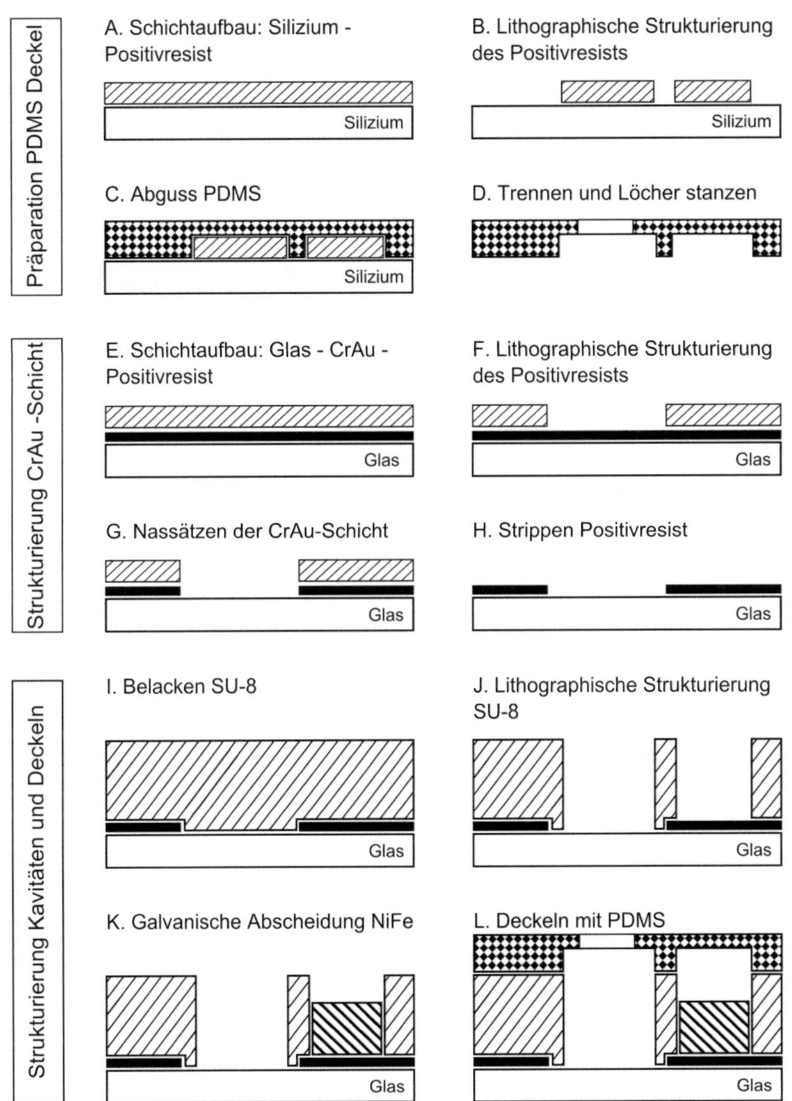

Abb. 4-3: Fertigungsschritte der Demonstratorfertigung über Lithographie: Erzeugung eines Masters (B) für PDMS-Abgüsse (D). Strukturierung der Galvanikstartschicht (G) und Kavitäten (J) und galvanische Abscheidung (K) und Deckeln (L) mit PDMS.

4.4 Versuchsaufbau I / Helmholtz-Spulen

Der oben beschriebene Demonstrator wird in der Mitte zweier senkrecht zu einander stehenden Helmholtz-Spulen-Paare positioniert, welche in Abb. 4-4 dargestellt sind. Hierbei ist zu beachten, dass die Orientierungen der Felder der Helmholtz-Spulen-Paare parallel zu den Lamellen des Demonstrators ausgerichtet sind. Die Helmholtz-Spulen-Paare sind zur Erhöhung des Feldes mit Eisenkernen (1.4016/AISI420) ausgestattet. Hiermit ist eine Erhöhung des Feldes im relevanten Bereich im Vergleich zur Feldstärke ohne Eisenkerne möglich. In dem Bereich, in welchem der Demonstrator positioniert ist, wurde die Feldstärke auf Homogenität überprüft.

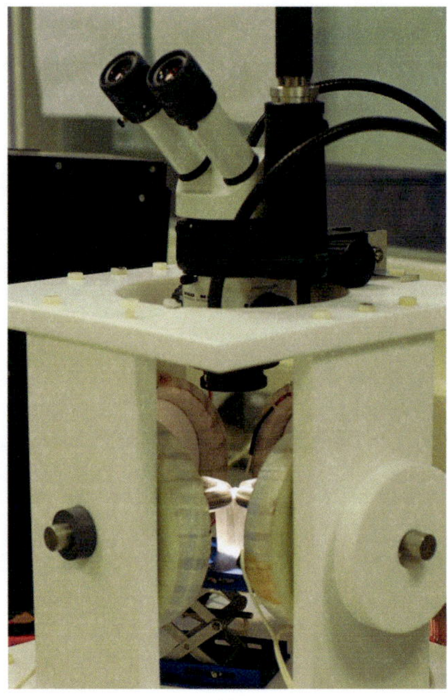

Abb. 4-4: Messplatz mit Helmholtz-Spulen. Zu sehen ist das Stereomikroskop sowie der Demonstrator, der sich im Schnittpunkt der Achsen der Helmholtz-Spulen-Paare und der optischen Achse befindet.

4.4.1 Ansteuerung

Die oben genannten Helmholtz-Spulen einer Orientierungsrichtung sind in Reihe geschaltet und erzeugen bei einem Strom von 6,5 A eine Flussdichte von ca. 3 mT ohne Eisenkerne. Für eine Ansteuerung mit Gleichspannung gelten als Parameter die Stromstärke und die Frequenz, mit welcher die beiden Feldorientierungen abwechselnd eingeschaltet werden. Diese Umschaltfrequenz wird mit einem Signalgenerator erzeugt, wobei sinnvoll nutzbare Frequenzen im Bereich von 0,1 Hz bis 5 Hz liegen. Bei einer Ansteuerung mit Wechselspannung kommt zusätzlich zu Stromstärke und Umschaltfrequenz noch die Wechselfeldfrequenz als Parameter hinzu, welche ebenfalls über einen Signalgenerator eingestellt werden kann. Diese Frequenz ist durch den Verstärkungsverlauf der Verstärker 19Z/500 (FG-Elektronik GmbH, Rückersdorf) auf Frequenzen oberhalb 20 Hz begrenzt.

4.4.2 Videoaufzeichnung

Über dem Demonstrator befindet sich ein Stereomikroskop (Wild M3C, Heerbrugg, Schweiz) mit einem Kameraanschluss zur Beobachtung des Partikeltransports. Die Videoaufzeichnung der Versuche erfolgt mit einer Fire-Wire-Kamera (A602fc-2, Basler AG), und das Sichtfeld ist zur Erhöhung der Bildrate in der Software (Pylon Viewer 2.3.3.2309, Basler AG) auf einen Bereich von 640 Pixel x 280 Pixel reduziert. Die Videos haben eine Bildfrequenz von 100 Hz und werden zunächst verlustfrei encodiert (VirtualDub 1.9.11, GNU) und für die Archivierung in einen mp4-kompatiblen Codec konvertiert.

Der Demonstrator wird von unten beleuchtet und die Partikel erscheinen dunkel vor hellem Hintergrund. Aus allen Bildern einer Videosequenz werden jeweils die hellsten Bildpunkte extrahiert und gespeichert. Dieses sogenannte Hell-Bild zeigt den Hintergrund der Partikel, also Kanal und Lamellen. Wie in Abb. 4-5 dargestellt, werden die Partikel durch Verrechnen jedes Videobildes einer Sequenz mit dem Hell-Bild freigestellt. In einer automatisierten Partikelerkennung werden Partikelposition und Partikelfläche aus jedem Videobild extrahiert. Durch die zeitliche Abfolge der Videobilder können die Transportgeschwindigkeit sowie der Transportpfad rekonstruiert werden. In gleicher Weise werden in der Analyse der Partikelschwärme die freigestellten Flächen der Partikelschwärme in definierten Bereichen im Kanal untersucht.

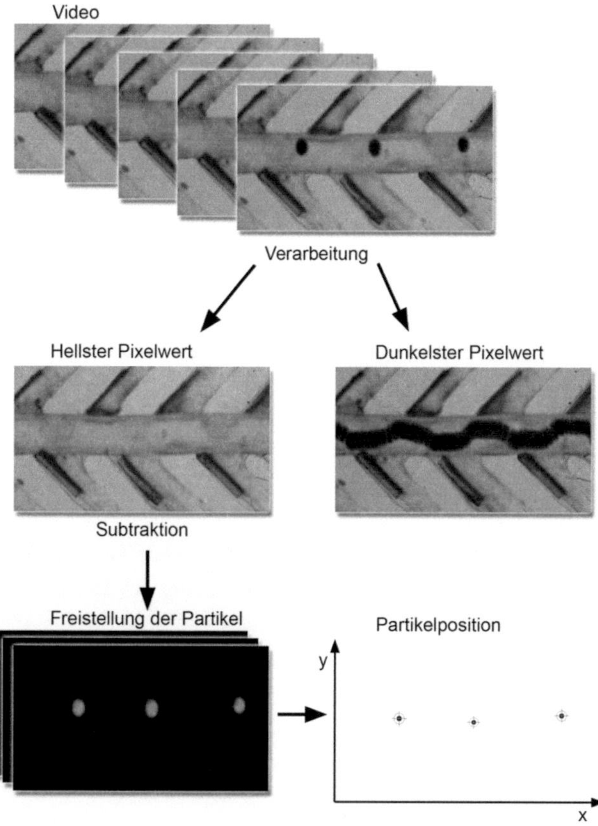

Abb. 4-5:   Flussdiagramm der Bildverarbeitung. Die Videoaufnahmen werden auf einer Pixelebene verarbeitet und es entsteht ein Bild mit den hellsten/dunkelsten Pixelwerten (Hellster/dunkelster Helligkeitswert an einem Pixel über das gesamte Video hinweg.). Durch eine Subtraktion jedes Videobildes vom errechneten Hintergrundbild (hellste Pixelwerte) werden die Partikel freigestellt. Über eine Flächenerkennung werden Partikelposition sowie -größe für jedes Videobild abgespeichert.

4.5 Versuchsaufbau II / Magnetrührer

Alternativ zur oben genannten elektrischen Erzeugung des Magnetfeldes wurde ein Aufbau mit einem Permanentmagneten verwendet. Wie Abb. 4-6 gezeigt, stellt ein Magnetrührer (Icamag RCT, Staufen) in diesem Fall den felderzeugenden Teil des Versuchsaufbaus dar. Der Demonstrator wird in der Mitte auf der Fläche des Magnetrührers positioniert.

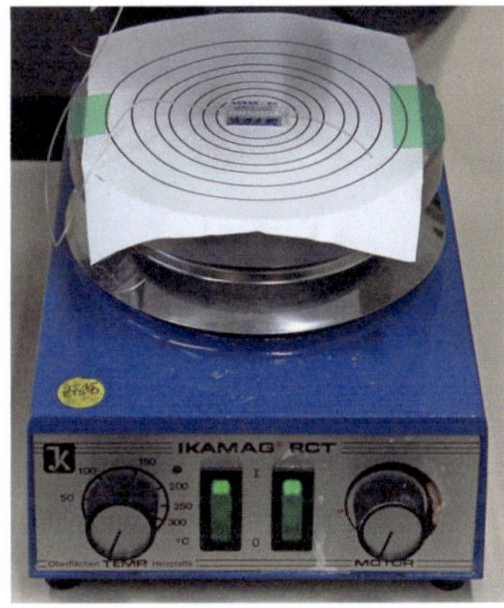

Abb. 4-6:   Magnetrührer mit aufgelegtem Demonstrator.

4.5.1 Ansteuerung

Im Feld des Magnetrührers wird in den Partikeln dauerhaft ein Dipol induziert. Zum Transport der Partikel wird die Orientierung des Magneten des Magnetrührers zwischen zwei Richtungen hin und her gedreht. Der Drehbereich liegt zwischen 45° und 135° in Bezug auf die Kanalachse. Der hierbei im Partikel induzierte Dipol ist in Abb. 4-7 für zwei Transportperioden schematisch dargestellt. Wird der Magnetrührer im eigentlichen Sinn verwendet, dann rotieren die Partikel im Kanal stationär, ohne vorantransportiert zu werden.

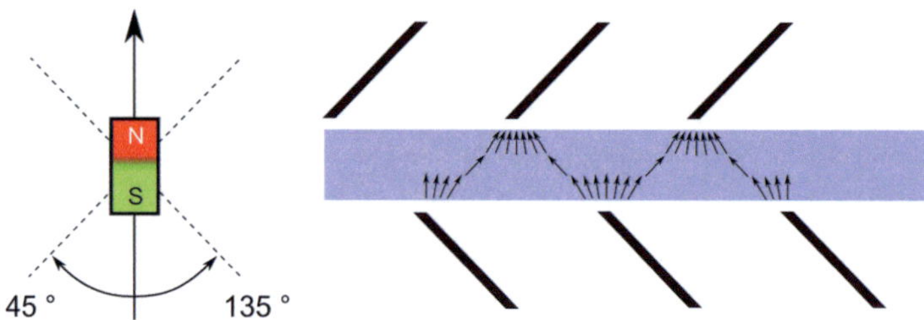

Abb. 4-7: Auszuwählende Orientierungen des Magnetfeldes im Magnetrührers und daraus resultierende Dipolorientierung im transportierten Partikel.

4.5.2 Versuchsdokumentation

Das in Abschnitt 4.4.2 beschriebene Stereomikroskop ist zur Handhabung des Demonstrators bzw. zur Durchführung der Versuche über dem Magnetrührer aufgebaut, wie in Abb. 4-8/C zu sehen. Die Versuchsdokumentation sowie die Fluoreszenzmessung erfolgten mit einer Spiegelreflexkamera (Canon EOS 60D, Japan). Hiermit

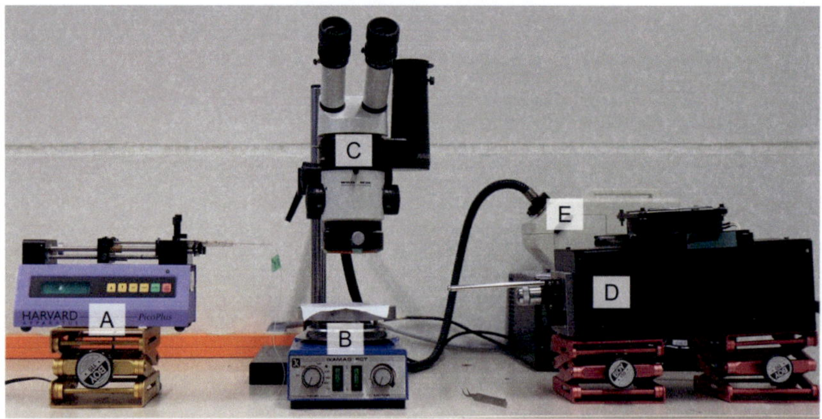

Abb. 4-8: Versuchsaufbau zur Durchführung von Mehrschrittreaktionen. Zu sehen sind Spritzenpumpe (A), Magnetrührer (B) und Stereomikroskop (C), Ar-Ionen Laser (D) und Lichtquelle (E).

lassen sich Videos des gesamten Demonstrators mit einer Auflösung von 1920 Pixel x 1080 Pixel aufnehmen. Die Beleuchtung erfolgt als Auflicht mit einer Lichtquelle (KL 1500 electronic, Leica) und einem koaxial montierten Faserlichtbündel.

4.5.3 Fluoreszenzmessung

Seitlich des Aufbaus befindet sich zur Anregung der Fluoreszenz ein Argon-Ionen Laser (Model 161B, Spectra-Physics, USA) mit einer Wellenlänge von 488 nm (siehe Abb. 4-8/D). Dieser bestrahlt den Demonstrator wahlweise lokal durch eine Glasfaser oder mit oben genanntem Faserlichtbündel als Auflicht.

Fluoreszein hat ein Anregungsmaximum bei einer Wellenlänge von 494 nm [41] und eignet sich daher für eine Anregung mit einem Argon Laser. Die Emission hat ein Maximum bei der Wellenlänge von 520 nm. Zur Filterung der Anregungswellenlänge befinden sich im Strahlengang des Stereomikroskops ein Langpassfilter (OG515, Schott, Mainz) der sichtbares Licht mit einer Wellenlänge unterhalb von 515 nm blockiert. Fluoreszein muss vor unerwünschter Bestrahlung geschützt werden, da bei zu hohen Dosen Fotobleichen auftritt. Um dies zu erreichen, werden lokal Blenden aus Alufolie eingesetzt, die unerwünschte Beleuchtung des Fluoreszeins im System verhindern. Zur Handhabung des Systems und der Proben mit Fluoreszein wird aus der allgemeinen Beleuchtung mittels 125 μm dicker Kaptonfolie der Blauanteil herausgefiltert. Für die quantitative Auswertung der Helligkeit einer bestrahlten Fluoreszeinprobe wird die Aufnahme stets 50 ms nach Start der Belichtung ausgelöst.

4.6 Präparation der Partikel für die Transportversuche

Sofern nicht anders aufgeführt, werden die Partikel in einer Lösung von 0,2 Vol.-% Polysorbat 20 (Roth, Karlsruhe) in deionisiertem Wasser suspendiert und mit einer Spritze in den Kanal injiziert. Sirotherm Partikel (Orica, Australien) werden einzeln oder in Gruppen von 3-5 Partikeln gehandhabt und durch Pumpen der Flüssigkeitssäule im Kanal an die richtige Stelle gebracht. Zusätzlich zum Pumpen lassen sich die Partikel durch einen an den Kanal geführten Permanentmagneten kontrollieren. Aufgrund ihrer Größe (Durchmesser ca. 160 μm - 350 μm) können sie einzeln gehandhabt werden. Partikel mit einem Durchmesser von 30 μm (Micromer-plain, Mircromod, Rostock) werden in einer Konzentration von 1 mg/ml eingewogen. Aufgrund des Sedimentationsverhaltens der Partikel ist diese Konzentration als Minimalkonzentration anzusehen.

4.7 Separatormedien

Für den Transportversuch durch Phasengrenzen werden wässrige Zweiphasensysteme zur Generierung von Flüssigkeitsplugs unterschiedlicher Zusammensetzung verwendet. Hierzu wurden Stammlösungen von 40 Gewichtsprozent PEG-4000 (Merck-Schuchardt, Hohenbrunn) und 40 Gewichtsprozent Phosphat (Merck, Darmstadt) erzeugt. Die Phosphatstammlösung hat einen pH-Wert von 7 und wurde mit 147,21 g NaH_2PO_4 + $2H_2O$ sowie 272,00 g K_2HPO_4 und 580,79 g Wasser angesetzt.

Ausgehend von den Stammlösungen der beiden Komponenten wurden verschiedene Konzentrationsreihen der Zweiphasensysteme angefertigt. Soweit nicht anderes vermerkt, sind genannte PEG- und Phosphatstammlösung zu gleichen Teilen gemischt und anschließend durch Zugabe von Wasser weiter verdünnt. Die Volumenverhältnisse der Lösungen sind 2,5 : 2,5 : 6 (PEG-4000-Stammlösung / Phosphat-Stammlösung / Wasser). Als Farbstoffe werden Tinte (Brilliant Schwarz, Pelikan 4001) und Fluoreszein (Merck, Darmstadt) verwendet. Die Lösungen werden kurz auf dem Vortex gemischt und anschließend für zwei Minuten bei 16100 g zentrifugiert (Eppendorf Centrifuge 5415 D) um die Separation der Phasen zu beschleunigen.

4.8 Transport durch Flüssigkeitsplugs

Mit einer Spritzenpumpe (Model 11 Plus, Harvard Apparatus, Holliston, MA, USA) werden die zu testenden Medien in den Kanal eingezogen. Die Partikel befinden sich zu Beginn der Transportversuche in der wässrigen Phase bzw. in der unteren Phase bei wässrigen Zweiphasensystemen. Um Elastizitäten durch Luftpolster zu vermeiden, ist die Spritze vollständig mit deionisiertem Wasser gefüllt, welches als hydraulische Flüssigkeit fungiert. Ferner wird zur Reduktion der Elastizitäten eine Glasspritze mit Stempel aus Edelstahl (500 μl Volumen, Microliter #750, Hamilton, Schweiz) verwendet. Dies erhöht die Genauigkeit der Position der Phasengrenze, welche wie in Abb. 4-9/C dargestellt, relativ zum Raster der weichmagnetischen Lamellen positioniert wird. Sowohl das Volumen als auch die Einzugsgeschwindigkeit der Plugs in den Kanal wird mit der Spritzenpumpe kontrolliert.

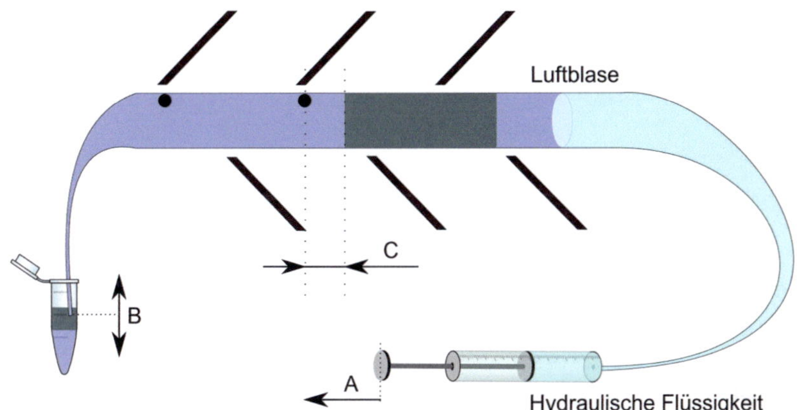

Abb. 4-9: Schema zum Transport durch Phasengrenzen. Mit der Spritzenpumpe wird das Zweiphasensystem mit der gegebenen Flussrate (A) aufgezogen. Hierbei werden wechselnd die Phasen angesaugt (B). Für den Transport ist die Relativposition der Phasengrenze zur Lamelle (C) wichtig. Die Luftblase verhindert Stoffaustausch zwischen der hydraulischen Flüssigkeit und dem Zweiphasensystem.

Durch Variation der Eintauchtiefe des Schlauchendes im Reservoir mit dem Zweiphasensystem werden die verschiedenen Phasen beim Einziehen ausgewählt.

4.9 Nachweis einer Reaktion im Kanal

Zum Nachweis einer partikelgebundenen Reaktion im Kanal wurde der Kanal durch den in Abschnitt 4.8 beschriebenen Einzug von Flüssigkeitsplugs unterschiedlicher Zusammensetzung in Reaktionskammern eingeteilt. Die Kompartimentierung basiert auf der Affinität, mit der sich die Zielmoleküle nur in einer der beiden Phasen lösen, wie in Abschnitt 2.6.2 beschrieben. Auf einer Kanallänge von 16 mm wurden fünf Reaktionskammern eingezogen. Eine Reaktionskammer ist durch die jeweilige nichtmischbare Phase von der nächsten abgetrennt. Das Volumen der Reaktionskammern und der Separatorplugs beträgt jeweils 300 nl. Die in Transportrichtung zweite Reaktionskammer beinhaltet den biotinylierten Fluoreszenzfarbstoff (Fluoreszeinisocyanat, Invitrogen) in einer Konzentration von 40 μM. Die übrigen Reaktionskammern sind mit 1 Vol.-% schwarzer Tinte angefärbt, um sie sichtbar zu machen. Wie in Abb. 4-10 dargestellt, wird das Partikel sukzessive durch die Reaktionskammern hindurch transportiert. Die Reaktionskammern nach der Kammer, in der die Kopplung stattfindet fungieren als Waschkammern, um unspezifisch gebundenen Farbstoff abzuwaschen. Für den Kopplungsnachweis wurden die Sirotherm-Partikel mit Streptavidin funktionalisiert.

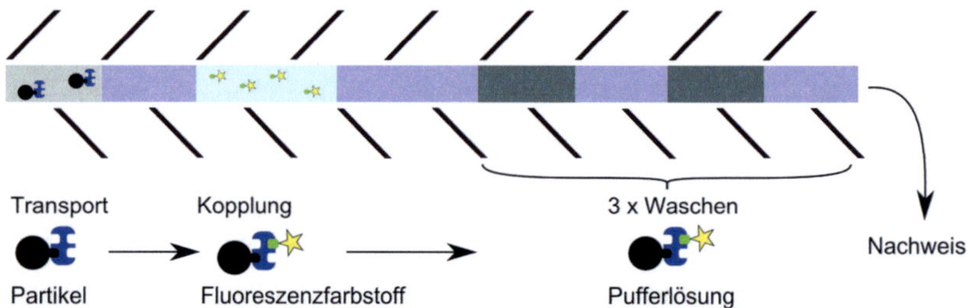

Abb. 4-10: Nachweis einer Kopplung im Kanal. Die auf der Oberfläche der Partikel befindlichen Streptavidinliganden koppeln mit dem Fluoreszenzfarbstoff und werden durch aufeinander folgende Reaktionskammern mit Puffer gewaschen. Der Nachweis der Kopplung erfolgt nach Ausschleusung der Partikel bzw. im System.

5 Ergebnisse und Charakterisierung

5.1 Simulation des Partikeltransports

Das in Abschnitt 3.1 vorgestellte Partikeltransportkonzept wurde zunächst in einer Simulation auf Machbarkeit und optimale Parameter untersucht. Bei den folgenden Ergebnissen ist aus Gründen der Übersichtlichkeit jeweils nur eine der beiden Erregungsorientierungen dargestellt, da die Lamellen beider Kanalseiten bzw. die Erregungsorientierungen austauschbar sind. Haltepunkte, die aus der Darstellung nicht unmittelbar hervorgehen, sind mit einem Dreieck markiert.

5.1.1 Allgemeine Beschreibung

Die Magnetfeldsimulation in Quickfield zeigt, dass, wie in Abb. 5-1 dargestellt, tatsächlich nur die parallel zu den Feldlinien befindlichen Lamellen aufmagnetisiert werden. Dies bestätigt die im Konzept aufgestellte Annahme. Die Erhöhung der absoluten Flussdichte um den Bereich der Spitzen der aufmagnetisierten Lamellen herum

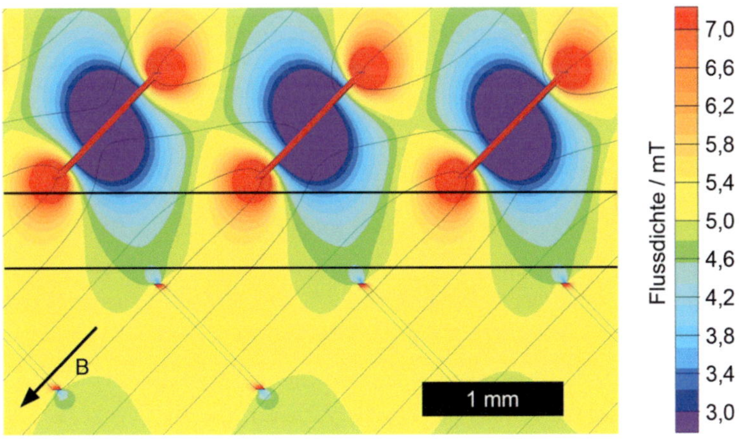

Abb. 5-1: Visualisierung der Aufmagnetisierung der Lamellen mittels Quickfield. Das homogene Hintergrundfeld hat eine Flussdichte von 5 mT.

hat eine quasizylindrische Form. Im Bereich um die Mitte der aufmagnetisierten La-mellen bildet sich eine deutlich sichtbare Feldschwächung aus. Die senkrecht zum Feld orientierten Lamellen werden von den Feldlinien ohne signifikante Konzentrati-on des homogenen Magnetfeldes durchdrungen, es bildet sich jedoch an den Spitzen der Lamellen eine Feldschwächung aus. Die Feldschwächung beider Lamellen in Kombination mit der stark ausgeprägten Feldverstärkung vor der aufmagnetisierten Lamelle erzeugt im Kanal einen eindeutigen Feldgradienten.

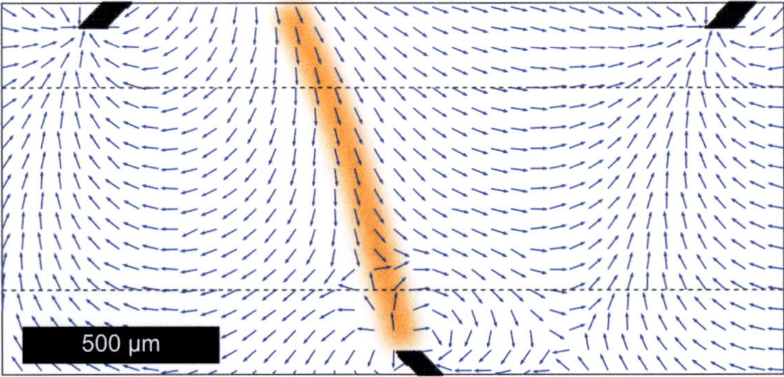

Abb. 5-2: Feld der Bewegungsrichtungen. Die Vektoren geben die Bewegungsrichtung in den jeweiligen Punkten an. Die Scheidelinie grenzt benachbarte Einzugsgebiete voneinander ab und ist orange unterlegt dargestellt. Die gestrichelten Linien ge-ben zur Orientierung eine Kanalbreite von 500 μm vor.

Die Transportsimulation berechnet an allen Feldrasterpunkten den Bewegungsvektor. Abb. 5-2 zeigt das Richtungsvektorfeld, das normierte Bewegungsvektoren enthält. Die Scheidelinie, welche die Einzugsgebiete der benachbarten aufmagnetisierten La-mellen abgrenzt, ist durch eine orange Hervorhebung verdeutlicht.

Wie in Abb. 5-3/A dargestellt, wandern an beliebigen Punkten innerhalb eines Ein-zugsgebietes injizierte Partikel entlang des Feldgradienten zum Punkt der höchsten Flussdichte im Kanal. Dieser Punkt ist im Kontakt mit der Kanalwand an der Spitze der aufmagnetisierten Lamelle und ist der Haltepunkt des Partikels. Diese Haltepunkte

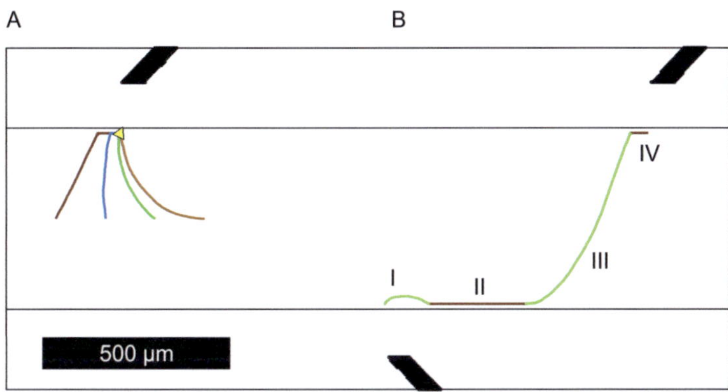

Abb. 5-3:   A: An beliebigen Punkten injizierte Partikel wandern zum Feldmaximum. B: Einteilung des Partikeltransportes in vier Phasen, Phasen zwei und vier enthalten Reibungskräfte durch den Kontakt mit der Kanalwand. Kanalbreite = 515 μm, Partikeldurchmesser = 30 μm.

sind für beide Erregungsfeldorientierungen symmetrisch an den Spitzen der jeweiligen aufmagnetisierten Lamellen.

Während eine Erregungsrichtung aktiv ist, kann der Partikeltransport vom Haltepunkt aus in vier Phasen eingeteilt werden, wie in Abb. 5-3/B illustriert: Zunächst wird das Partikel entsprechend des Bewegungsfeldes von der Kanalwand abgestoßen und bewegt sich ohne zusätzliche Zwangskräfte auf der Bahn des Bewegungsvektorfeldes. In der zweiten Phase des Transports kommt das Partikel wieder in Kontakt mit der Kanalwand. Der Transport erfolgt in dieser Phase mit der zusätzlichen Reibungskraft der Kanalwand. Für den Vortrieb des Partikels in Kontakt mit der Kanalwand ist nur die in Kanalrichtung orientierte Komponente des Bewegungsfeldvektors relevant. In der dritten Phase löst sich die Partikelbahn von der Wand ab, das Partikel wandert von der einen Kanalseite zur anderen und erreicht hierbei die höchste Geschwindigkeit. Die vierte Phase ist analog zur zweiten durch eine Reibungskraft gekennzeichnet, da das Partikel an der Kanalwand entlang zur Halteposition gleitet. Wie in Abb. 5-4 für zwei Kanalbreiten exemplarisch dargestellt, ist die Ausprägung der Phasen abhängig von der Kanalbreite bzw. der Partikelgröße. Zusätzlich zum verlängerten Transportpfad durch einen breiteren Kanal wird auch die Transportzeit der

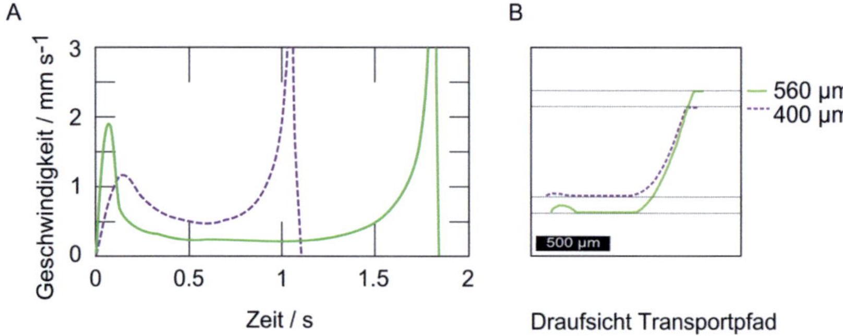

Abb. 5-4:   Geschwindigkeitsverlauf (A) über den Transportpfad (B) für die angegebenen Kanalbreiten.

Partikel für breitere Kanäle aufgrund der langsameren Geschwindigkeitsvektoren am Kanalrand höher.

5.1.2 Einflussgrößen

Die Größen, die auf den Partikeltransport Einfluss nehmen, sind in Abb. 5-5 zusammengefasst. Sie lassen sich in geometrische, physikalische und manuelle Vorgaben einteilen und sind thematisch den Gruppen Transportsystem, Magnetfeld, fluidisches Medium und Partikel zugeordnet.

5.1.3 Zielgrößen

Die in Abb. 5-5 dargestellten Einflussgrößen wirken sich auf die Transportzeit aus. Die Transportzeit ist definiert als die Zeit, die ein Partikel benötigt, um einen Transport von einem Haltepunkt zum anderen zu durchlaufen. Die dabei zurückgelegte Strecke ist in Abb. 5-3/B dargestellt.

Gleichung 4 zeigt den in der Simulation implementieren Zusammenhang der oben genannten physikalischen Einflussgrößen auf die Transportzeit. Die Transportzeit setzt sich aus der Summe der Zeiten der einzelnen Transportschritte zusammen, welche dem Quotienten der zurückgelegten Distanz s und der Geschwindigkeit in einem

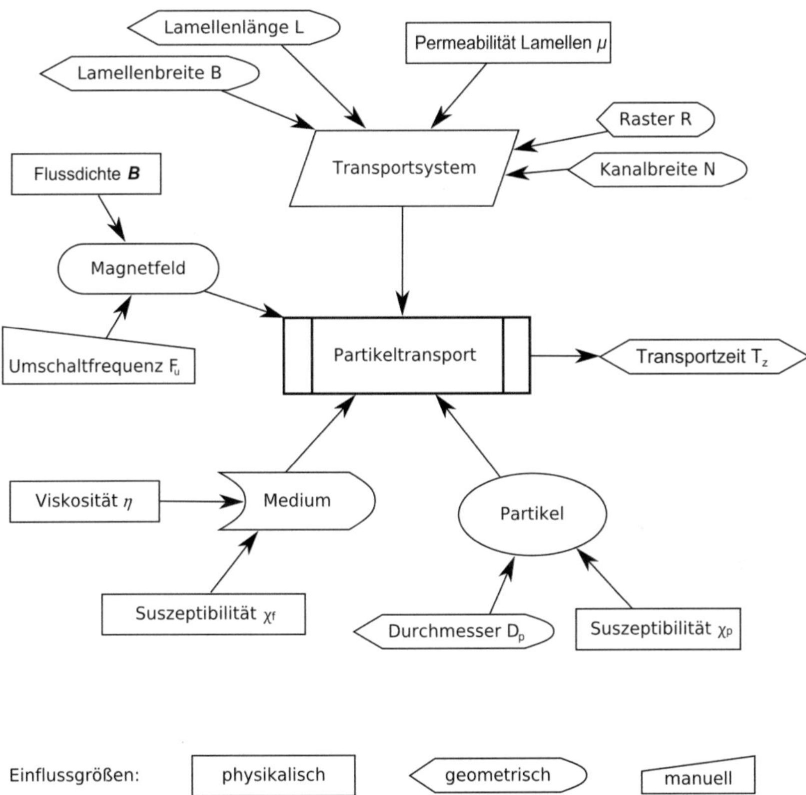

Abb. 5-5: Graphische Darstellung der Einflussgrößen auf den Partikeltransport.

Transportschritt entsprechen. μ_0 ist die Vakuumpermeabilität, alle weiteren Formelgrößen sind in Abb. 5-5 bezeichnet.

$$T_z = \sum_{Schritte} \frac{s}{\frac{(\chi_p - \chi_f)\, D_p^{\,2}}{36\, \eta\, \mu_0}\, |\nabla\, \vec{B}^2|} \qquad (4)$$

Der Einfluss der Geometrie des Transportsystems wird hingegen nicht durch die oben genannte Formel abgebildet. Durch eine Variation der geometrischen Einflussgrößen wird das System charakterisiert. Die Spanne der Parametervariation kann aus Tabelle 3 entnommen werden, die sich auf die in Abb. 3-2 gegebenen Geometrieparameter bezieht.

Tabelle 3: Variationsbereich der geometrischen Einflussgrößen des Transportsystems.

	Ausgangsgröße	Bereich der Simulation
Raster R	$800\ \mu$m	fix
Kanalbreite N	$0{,}5 * R$	$0.1 \dots 0.8 * R$
Lamellenlänge L	$\sqrt{2} * R$	$0.6 \dots 1.4 * \sqrt{2} * R$
Lamellenbreite B	$1/22 * R$	$0.5 \dots 2.5 * 1/22 * R$

5.1.4 Einfluss der Flussdichte

Eine Änderung der Flussdichte zeigt keinen Einfluss auf den Transportpfad der Partikel. Dies ist darauf zurück zu führen, dass eine Variation der Flussdichte des externen homogenen Feldes keinen Einfluss auf die relativen lokalen Gradienten der Flussdichtelandschaft hat. Dies gilt jedoch nur, sofern man sich im linearen Bereich der Magnetisierungskurve der weichmagnetischen Lamellen befindet.

Die Transportzeit variiert, wie in Abb. 5-6/A für einen Partikeldurchmesser von 30μm gezeigt. Der Kurvenverlauf lässt auf eine Proportionalität der Transportzeit zum dem Kehrwert des Quadrats der Flussdichte schließen, wie sie auch entsprechend Gleichung 4 aufgrund des theoretischen Zusammenhangs zu erwarten ist. Der in Abb. 5-6/B gezeigte Plot der inversen Transportzeit über der quadrierten Flussdichte zeigt eine Linearität und bestätigt die vermutete Proportionalität.

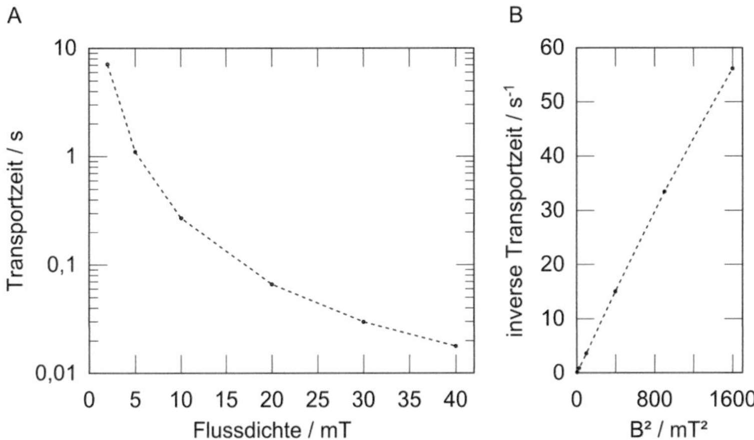

Abb. 5-6: Einfluss der Flussdichte auf die Transportzeit. A: Logarithmische Darstellung der Transportzeit für einen Partikel von 30 μm Durchmesser. B: Die Darstellung der inversen Transportzeit über der quadrierten Flussdichte bestätigt die Proportionalität $T \sim 1/B^2$.

5.1.5 Einfluss der Partikelgröße

Das Kräftegleichgewicht am Partikel setzt sich aus der Magnetkraft einerseits und der hydrodynamischen Widerstandskraft andererseits zusammen. Die magnetische Kraft bezieht sich auf das Volumen und somit auf die dritte Potenz des Partikeldurchmessers, während dieser im vorliegenden Strömungsregime einer schleichenden Umströmung in die hydrodynamische Widerstandskraft nur linear eingeht. Der Einfluss des Partikeldurchmessers auf die Transportzeit ist daher ebenfalls quadratisch, wie in Gleichung 4 ersichtlich ist.

5.1.6 Einfluss der Kanalbreite

Wie in der allgemeinen Beschreibung der Simulation bereits genannt, wirken in der Transportphase II und IV Reibungskräfte durch die Kanalwände. Hierbei sorgt nur die tangentiale Vektorkomponente für das Vorankommen im Kanal. Wie aus Abb. 5-7 ersichtlich, ist im Allgemeinen die effektive tangentiale Komponente der Bewegungsvektoren für kleine Kanalbreiten höher und nimmt mit steigender Kanalbreite ab.

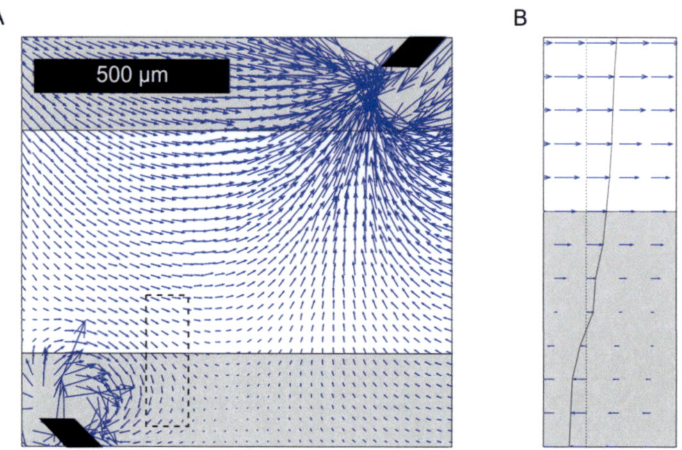

Abb. 5-7: Lineares Geschwindigkeitsvektorfeld (A) im Kanal. In B sind die tangentialen Komponenten des Bereiches aus dem gestrichelten Kasten in A dargestellt. Zur Orientierung ist eine Kanalbreite von 500 μm eingezeichnet

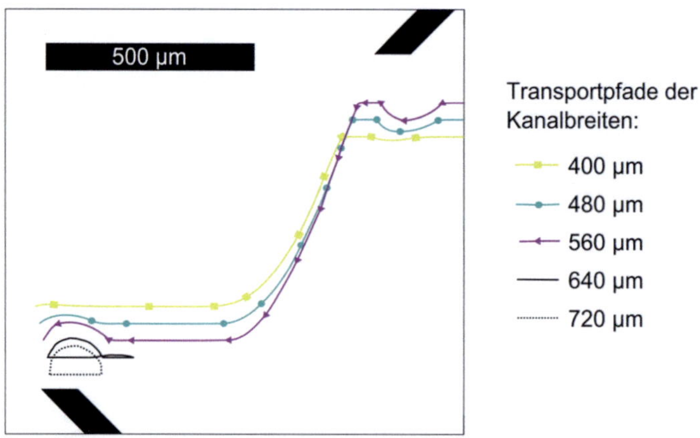

Abb. 5-8: Partikeltransportpfade für Systeme der angegebenen Kanalbreiten gezeichnet über eine Periode die beiden Erregungsrichtungen des externen Magnetfeldes entspricht. Ab einer Kanalbreite von 640 μm findet kein Transport mehr statt, das Partikel wird auf der einen Kanalseite in einer Schleife transportiert.

Abb. 5-7/B illustriert die Abnahme der tangentialen Geschwindigkeitskomponenten bei zunehmender Entfernung von der Kanalmitte für verschiedene axiale Positionen im Kanal. Aufgrund der starken Dämpfung der Partikel durch das Fluid, stellt sich zu jedem Zeitpunkt das oben genannte Kräftegleichgewicht ein. Das Partikel hat keine signifikante Trägheit, es kommt direkt nach dem Abschalten des Feldes zum Stillstand. Für den Transport der Partikel sind daher alle tangentialen Komponenten, die ein Partikel im Kontakt mit der Kanalwand über den gesamten Transportpfad hinweg durchläuft, relevant. Ist eine davon null, findet kein Partikeltransport statt.

Abb. 5-8 zeigt den Transportpfad eines Partikels für verschiedene Kanalbreiten. Ersichtlich ist hierbei, dass ein Partikel in einem 640 μm breiten Kanal nur bis zu jenem Punkt in der Transportphase II transportiert wird, in dem der tangentiale Bewegungsvektor null wird. In diesem Fall kommt das Partikel auf der Kanalseite, an welcher der Bewegungsvorgang begann, zum Stillstand. Wird die Feldorientierung nun umgeschaltet, wandert das Partikel entlang dem dann vorherrschenden Bewegungs-

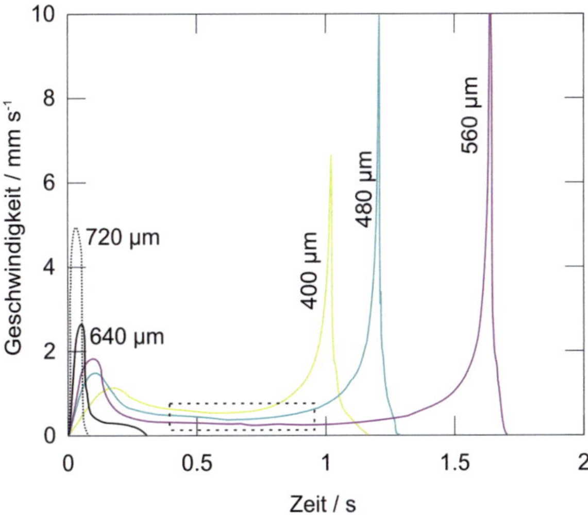

Abb. 5-9: Geschwindigkeitsverläufe für eine Erregungsrichtung von Partikeln in Kanälen der angegebenen Kanalbreiten. Der korrespondierende Transportpfad ist in Abb. 5-8 dargestellt. Der gestrichelte Kasten markiert die minimale Geschwindigkeit in der Transportphase II, welche in Abb. 5-10/A aufgetragen ist.

vektorfeld wieder zum Ausgangspunkt zurück. Konkret bedeutet dies, dass in Kanälen, deren Breite über der Maximalkanalbreite liegt, ein Transport unmöglich ist, da sich die Partikel lediglich auf den in Abb. 5-8 für 640 μm und 720 μm gezeigten, halbkreisförmigen Bahnen bewegen.

Die Geschwindigkeiten, die ein Partikel über die vier Transportphasen hinweg durchläuft, sind in Abb. 5-9 dargestellt. Zunächst wird das Partikel beschleunigt und erreicht dann in der Transportphase II seine minimale Geschwindigkeit. Der Rückgang dieser minimalen Geschwindigkeit mit zunehmender Kanalbreite ist weitestgehend linear und in Abb. 5-10/A dargestellt.

Die Kanalbreite hat neben ihrer Auswirkung auf die Geschwindigkeit in der Transportphase II auch auf die Transportzeit Einfluss. Aufgrund der Summenbildung über die einzelnen Transportschritte verhält sich die Transportzeit nicht reziprok zur mini-

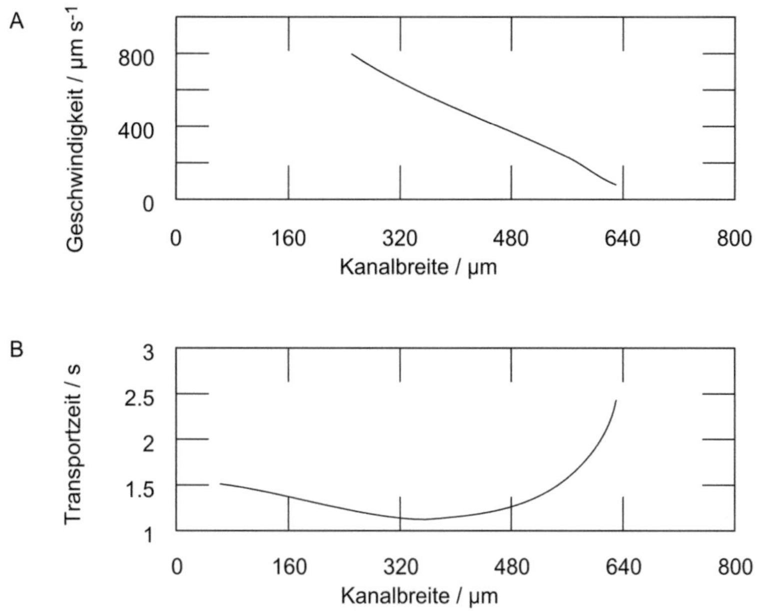

Abb. 5-10: Einfluss der Kanalbreite auf die Transportzeit und die Geschwindigkeit im Kontakt mit der Kanalwand in Transportphase II.

malen Geschwindigkeit in der Transportphase II. Wie in Abb. 5-10/B dargestellt, nimmt die Transportzeit oberhalb von 400 μm nichtlinear zu, unterhalb von 320 μm nimmt sie ebenfalls leicht zu. Dies ist darauf zurückzuführen, dass die Maxima der Transportgeschwindigkeit reduziert werden, und dass relativ zum Gesamtpfad des Partikels ein längerer Transport in Kontakt mit der Kanalwand erfolgt. Die optimale Kanalbreite liegt zwischen 320 μm und 400 μm.

5.1.7 Einfluss der Lamellengeometrie

Die Lamellengeometrie beeinflusst maßgeblich die in Abb. 5-1 gezeigte Verstärkung und Schwächung des homogenen Magnetfeldes und kann, basierend auf dem Grundlayout, in zwei Dimensionen variiert werden. Sowohl Länge als auch Breite der Lamellen spielen eine Rolle bei der Konzentration des Magnetfeldes.

Die Initiallänge der Lamellen ist auf die Diagonale des Grundrasters, d. h. auf 1131 μm festgelegt. Diese Länge wurde im Bereich des 0,6 - 1,4-fachen der Initiallänge variiert. Hierbei wurden die Lamellen am kanalabgewandten Ende verkürzt bzw. verlängert. Wie in Abb. 5-11 dargestellt, reduzieren kürzere Lamellen die Ge-

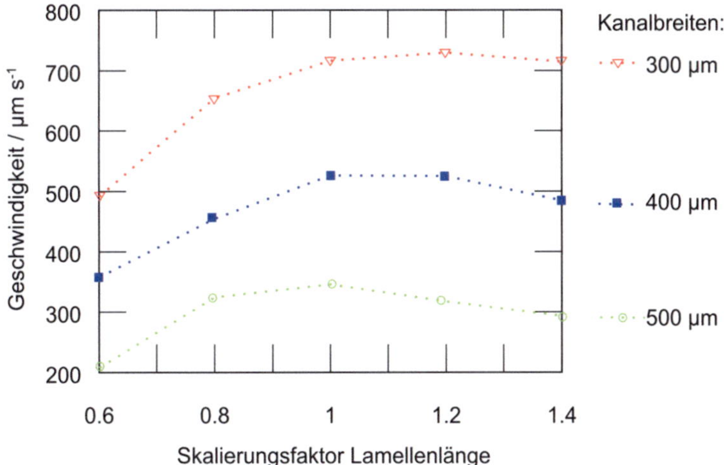

Abb. 5-11: Einfluss der Lamellenlänge auf die Geschwindigkeit in der Transportphase II für die angegebenen Kanalbreiten.

schwindigkeit an der Kanalwand in Transportphase II und führen somit zu erhöhten Transportzeiten. Werden die Lamellen wesentlich über die initiale Länge hinaus verlängert, zeigt sich ebenfalls eine marginale Reduzierung der Geschwindigkeit im Kontakt mit der Kanalwand. Die optimalen Parameter der Lamellenlänge wurden somit für den Aufbau der Demonstratoren auf die Länge der Diagonale des Rastermaßes festgelegt.

Neben dem Einfluss der Lamellenlänge auf die Transportzeit hat die Lamellenbreite zusätzlich einen Einfluss auf den Haltepunkt der Partikel und die Richtung des Bewegungsvektors im Haltepunkt nach dem Umschalten des Magnetfeldes.

Die Breite der Lamellen wirkt sich deutlich auf die Form der Feldgradienten im Kanal aus und somit auch auf den Transportpfad. Wie in Abb. 5-12/A dargestellt, wird mit zunehmender Lamellenbreite die Transportphase II auf Kosten der Transportphase I deutlich reduziert, bis schließlich kein Kontakt mehr zur Kanalwand erfolgt. Werden in der Simulation mit unterschiedlichen Lamellenbreiten zusätzlich verschiedene Kanalbreiten eingestellt, wird ersichtlich, dass sich zuerst der Transport in breiten Kanälen verändert. Die Partikel werden nach Umschalten des Feldes in umgekehrter Richtung bewegt, so dass insgesamt kein Partikeltransport erfolgt. Der Rücktransport kann analog in die vier Transportphasen eingeteilt werden. In Abb. 5-12/B ist eine Rücktransportschleife für eine Kanalbreite von 500 μm vergrößert gezeigt. Im hier dargestellten Fall wird das Partikel dauerhaft auf einer Schleifenbahn transportiert. Der Grund für diesen Rücktransport ist die relative Verschiebung des Haltepunktes des Partikels zur Scheidelinie des Vektorfeldes. Befindet sich ein Partikel nach Umschalten des Feldes in Transportrichtung noch hinter der Scheidelinie, so wird er rückwärts transportiert (vgl. Abb. 5-2). Entscheidend für die Partikeltransportrichtung ist die Bewegungsvektorrichtung des Partikels im Haltepunkt nach Umschalten des Magnetfeldes, wie in Abb. 5-12/C dargestellt.

Durch eine systematische Variation der Lamellenbreite im Bereich von 0,5 bis 2,5 der initialen Breite wurde der Einfluss auf die Transportzeit ermittelt: Durch die Verbreiterung der Lamellen steht mehr weichmagnetisches Material zur Verfügung, was eine Reduktion der Transportzeit bewirkt, wie in Abb. 5-13 dargestellt. Zusätzlich gibt es einen Einfluss auf die optimale und die maximale erlaubte Kanalbreite. Beide reduzieren sich für breitere Lamellen. Sehr deutlich ist dieser Effekt bei Lamellen mit der 2,5-fachen Breite sichtbar, da oberhalb einer Kanalbreite von 320 μm kein Transport mehr möglich ist.

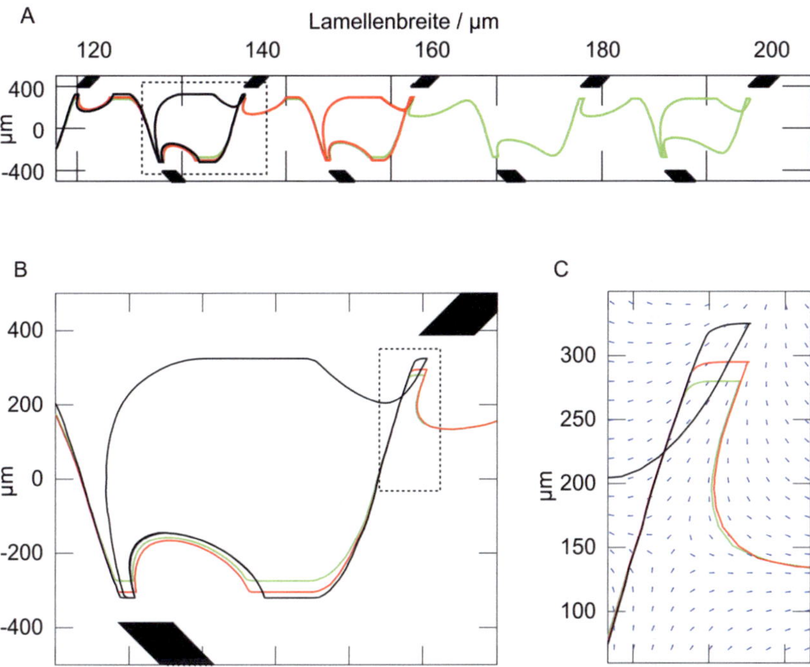

Abb. 5-12: Einfluss der Lamellenbreite auf den Transportpfad. Überlagerung des Transportpfades von drei Partikeln in Kanälen unterschiedlicher Kanalbreite (550 µm, 600 µm, 650 µm). Entlang des Kanals wird die Lamellenbreite von 120 µm auf 200 µm erhöht. Hieraus folgt eine Änderung des Transportpfades im Kanalverlauf. Bei steigender Lamellenbreite wächst die Gefahr, dass das Partikel nach Wechsel der Feldorientierung wieder rückwärts transportiert wird und kein gerichteter „Nettotransport" erfolgt. (B). Grund hierfür ist, dass der Partikelhaltepunkt durch die Geometrieänderung relativ zur Scheidelinie im Vektorfeld (C) wandert.

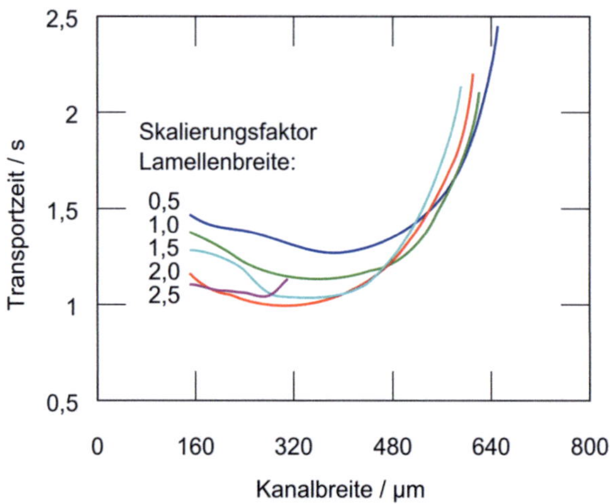

Abb. 5-13: Variation der Lamellenbreite und Einfluss auf die Transportzeit. Reduzierung der Transportzeit mit steigender Lamellenbreite.

5.1.8 Simulation von Kanalknicken

Um eine platzsparende Verlängerung eines Kanals zu ermöglichen, ist es nötig, den Kanal auf einer vorgegebenen Fläche zu mäandrieren. Hierzu werden Knicke des Kanals um 90° benötigt. Die in den vorangegangenen Kapiteln bestimmten, optimalen Parameter in Bezug auf Kanalbreite und Lamellengeometrie sind in die Entwicklung von Kanalknicken eingegangen. Hierbei wurden verschiedene Möglichkeiten untersucht, zwei Kanäle senkrecht zueinander so zu verbinden, dass die Feldgradienten im ursprünglichen und in dem angrenzenden Kanal eindeutig bleiben, d.h. dass es wie bei dem linearen Transport im Kanal eine Vorzugsrichtung gibt. Zusätzlich sollen die Transportzeiten für jeden einzelnen Transportschritt ausgeglichen sein, da die Umschaltfrequenz des externen Feldes für das gesamte Transportsystem gilt. Der geradeaus laufende Kanal bleibt im Layout weitestgehend unverändert. Eine der Lamellen wurde um 50 % verkürzt, um das Ansetzen eines seitlichen Kanals zu ermöglichen. Neben dem in Abb. 5-14 dargestellten Layout wurden verschiedene wei-

A

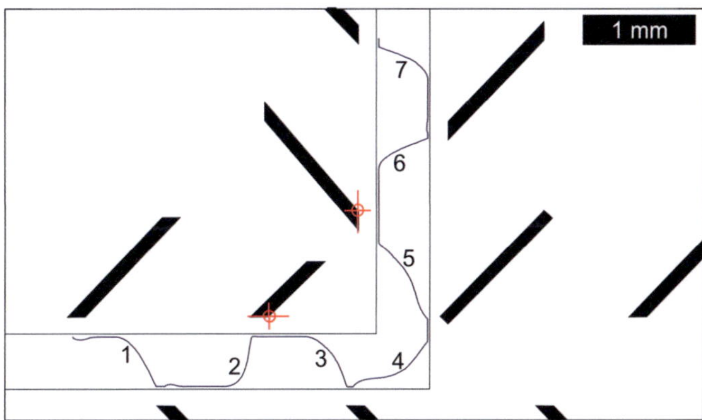

B

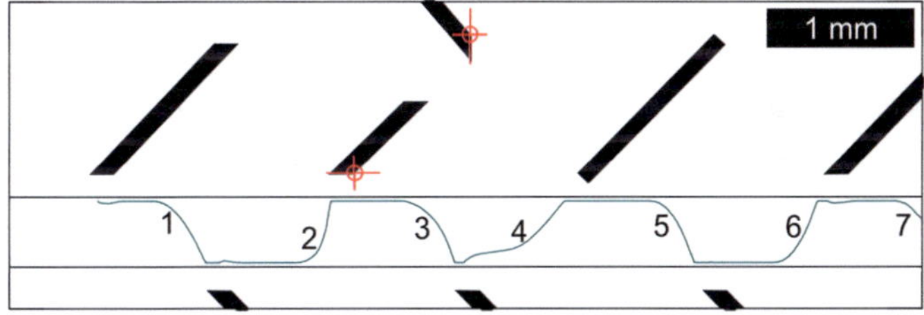

Abb. 5-14: Partikeltransportsimulation eines Kanalknickes. A: Knick um 90° und B: linearer Kanal mit identischem Lamellenlayout. Die mit dem Kreuz markierten Lamellen sind um 5° dem Kanal zugedreht und die zentrale Lamelle um den Faktor 0,5 verkürzt. Die Transportzeiten sind entsprechend der durchnummerierten Positionen in Tabelle 4 angegeben.

tere Konfigurationen der geometrischen Abweichungen der unmittelbar an der Verbindungsstelle liegenden Lamellen untersucht.

Die variablen Größen für den Kanalknick sind hierbei die Orientierung der Lamellen, die unmittelbar an der Knickstelle angeordnet sind, und die Existenz der Lamellen, welche in einer gedachten Verlängerung des Kanals liegen. Die Drehung der in Abb. 5-14/A markierten Lamellen um verschiedene Winkelinkremente hat hohen Einfluss auf die generelle Transportfähigkeit des Kanalknicks sowie auf die Homogenität der Transportzeiten entlang des Kanals. Die optimale Winkelorientierung nach diesen Kriterien ist in Abb. 5-14 dargestellt. Hierbei sind die beiden markierten Lamellen um 5° im Uhrzeigersinn um die dem Kanal zugewandte Spitze der Lamellen gedreht. Für einen reinen Knick des Kanals sind die Lamellen beidseitig des Ausgangskanals nach der Knickstelle augenscheinlich nicht mehr notwendig. Jedoch beeinflusst ein Entfernen die Gradienten im Kanal und hat somit negativen Einfluss auf die Transportzeit im unmittelbaren Knickbereich (Abb. 5-14/A, Schritte 3-5).

Neben dem Kanalknick ist in Abb. 5-14/B noch ein linearer Kanal dargestellt, der ebenfalls auf dem modifizierten Lamellenlayout basiert. Der Einfluss der Modifikation auf den Transportpfad ist in fast allen Transportschritten sichtbar. Tabelle 4 zeigt die Transportzeiten der in Abb. 5-14 dargestellten Transportschritte. Die ersten drei Transportzeiten sind identisch, da das Partikel auf dem gleichen Pfad wandert. Als Optimum für die Transportzeit gilt hier ein Wert von 1,1 Sekunden, der mit unmodifizierten Lamellen bestimmt wurde (vgl. Abb. 5-6/A, 5 mT). Zum Teil liegen die Transportzeiten unter dieser Vergleichsgröße, was darauf zurückzuführen ist, dass während der Transportschritte weniger Strecke zurückgelegt wird (Abb. 5-14/A/5) und/oder die Transportphasen in Kontakt mit der Kanalwand weniger stark ausgeprägt sind (Abb. 5-14/B/4).

Die Kombination der beiden in Abb. 5-14 dargestellten Kanäle ist ein Kanalabzweig. Zur Steuerung des Partikels in den Zielkanal muss mit einer Deflektionsstruktur gearbeitet werden. Diese Deflektionsstruktur kann ein mechanisches Bauteil sein, das das Partikel analog einer Schienenweiche im Zugverkehr in den Zielkanal führt. Einfachere Deflektionsstrukturen können aus zusätzlichen weichmagnetischen Strukturen bestehen, welche nach Bedarf von außen dem Kanal zugeführt werden, oder aus lokal eingebrachten Leiterschleifen, welche bei Beaufschlagung mit einem Strom den Kanal mit einem weiteren Feldgradienten überlagern.

Tabelle 4:   Transportzeiten der angegebenen Transportschritte in Sekunden.

Bezeichnung in Abb. 5-14/	1	2	3	4	5	6	7
A	1.1	1.9	0.9	0.7	0.5	1.6	1.1
B	1.1	1.9	0.9	0.6	1.1	1.3	0.9

5.2 Demonstratorfertigung

Die wesentlichen Punkte der in Abschnitt 4.2 und 4.3 beschrieben Demonstratorfertigung werden hier im Folgenden dargestellt.

5.2.1 Charakterisierung des weichmagnetischen Materials

Die magnetischen Eigenschaften des weichmagnetischen Werkstoffes für die Lamellen wurden mittels einer AGM-Messung bestimmt. Der Vergleich des käuflich zu erwerbenden Materials (Mumetall, Haug) und des im IMT abgeschiedene Nickel-Eisens ist in Abb. 5-15 dargestellt. Die Werkstoffe weisen eine ähnliche spezifische Sättigungsmagnetisierung von ca. 62 Am^2/kg und keine sichtbare Remanenz auf. Hierbei ist zu beachten, dass die Probenform einen leichten Einfluss auf die Bestimmung der Magnetisierbarkeit hat, jedoch bei der Durchführung der AGM-Messung nicht mit vollständiger Wiederholbarkeit präpariert werden kann. Die dargestellten Kurven sind ein Mittelwert aus mindestens zwei Messungen pro Material.

5.2.2 Lithographische Fertigung

Die Fertigung über Lithographie liefert die Möglichkeit, die in der Simulation bestimmten Einflussparameter zu überprüfen. Als einer der kritischen Punkte der Fertigung hat sich die Haftung des Resists auf dem Glaswafer herausgestellt. Neben der erfolglosen Verwendung von Haftvermittlern (TI-Prime, HMDS) und Sauerstoffplasma konnte die Haftung schließlich ausschließlich durch Aufrauen des Glaswafers erreicht werden. Eine Rauigkeit mit einem $R_a = 3{,}3\,\mu$m hat zur Haftung schließlich ausgereicht. Die Ablösung des Resists hat sich entweder direkt nach dem Ausbacken oder nach der galvanischen Abscheidung der weichmagnetischen Lamellen in die

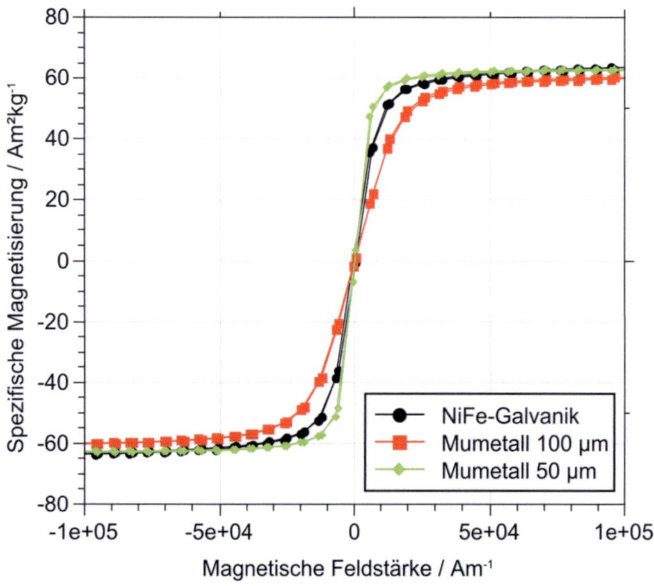

Abb. 5-15: Magnetisierungskurven der verwendeten weichmagnetischen Materialien.

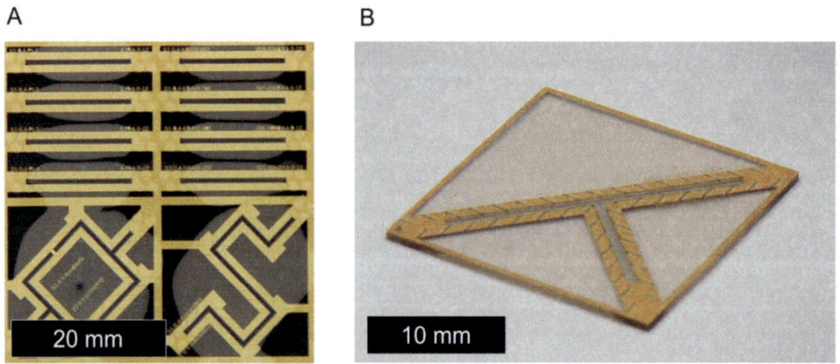

Abb. 5-16: A: Lackablösungen durch Kontrast zum schwarzen Hintergrund gut sichtbar. B:
Vereinzeltes Strukturfeld mit durch Rauigkeit vermittelter Haftung.

dafür vorgesehenen Kavitäten, gezeigt. Abb. 5-16 zeigt die Lackablösung nach dem Ausbackschritt und ein vereinzeltes Strukturfeld mit durch Sandstrahlen vermittelter Haftung. Eine der möglichen Ursachen für die schlechte Haftung des Resists ist neben der ungünstigen Materialpaarung die Luftfeuchtigkeit, die zum Zeitpunkt der Prozessierung mindestens 50 % betragen hat.

Ein wesentlicher Nachteil der Haftvermittlung durch Aufrauung ist die eingebrachte Rauigkeit, welche nicht nur in den Kavitäten für die weichmagnetischen Lamellen zu finden ist, sondern auch im Grund der fluidischen Kanäle. Eine mögliche Abhilfe hierzu stellt eine um 180° gedrehte Verwendung des Demonstrators dar. Die sedimentierenden Partikel kommen in diesem Fall nicht mehr mit der Rauigkeit in Kontakt.

Bei Verwendung von PDMS als Deckelungstechnologie ist die unkomplizierte fluidische Kontaktierung hervorzuheben. Zum Befüllen der Systeme wurde mit einer Eppendorfpipette das gewünschte Volumen der Flüssigkeit in den Kanal einpipettiert. Beim Entwurf des Waferlayoutes wurden Positionsmarken für den gesammten Wafer angelegt. Beim Bondprozess wurden die vereinzelten Strukturfelder des Waferlayoutes prozessiert, die daher keine individuellen Positionsmarken besitzen. Hierbei wurde auf den Kanal zum Positionieren des Deckels zurückgegriffen. Abb. 5-17 zeigt zwei fertige Demonstratoren.

Abb. 5-17: Fertiger Demonstrator mit PDMS-Deckel. Die Kantenlänge beträgt 20 mm.

5.2.3 Fertigung durch Zerspanung

Alternativ zur lithographischen Fertigung wurde ein Demonstrator zerspanend gefertigt. Die Motivation hierzu ist die Trennung des fluidischen und magnetischen Teils in Form eines Schlauches und eines PMMA-Blocks, der die Lamellen beinhaltet, wie in Abb. 5-18 dargestellt.

Die zerspanende Fertigung der Demonstratoren hat sich als vergleichsweise unkompliziert herausgestellt. Die Positionierung der einzuklebenden weichmagnetischen Lamellen ist als einziger kritischer Punkt zu sehen, der durch das Verwenden einer Lehre zum Anlegen der Lamellen beim Einkleben vereinfacht ist.

Die Möglichkeit zur Verwendung verschiedener Schläuche ist ein deutlicher Vorteil des zerspanend gefertigten Demonstrators gegenüber den lithographisch gefertigten Demonstratoren. Neben unterschiedlichen Verhältnissen von innerem zu äußerem Durchmesser können ohne großen Aufwand auch andere Schlauchmaterialien verwendet werden. Zusätzlich lässt sich bei einer Kontamination des Schlauches unter Beibehaltung der Magnetstrukturen innerhalb von Sekunden der fluidische Teil des Systems austauschen.

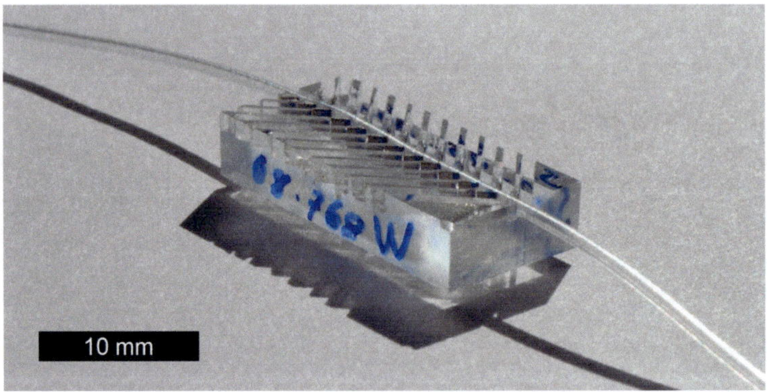

Abb. 5-18: Zerspanend gefertigter Demonstrator. In einem PMMA-Block eingefräste Schlitze fassen die eingeklebten weichmagnetischen Lamellen und den reversibel fixierten Schlauch.

5.3 Charakterisierung der Messaufbauten

5.3.1 Messplatz mit Helmholtz-Spulen

Der Messaufbau mit den Helmholtz-Spulen wurde zunächst eingesetzt, um schnell schaltbare Felder zu ermöglichen. Ohne Eisenkerne liegt der Proportionalitätsfaktor von Strom zu Flussdichte bei 0,45 mT/A für eine Messung des Feldes im Zentrum zwischen zwei in Reihe geschalteten Spulen. Durch das Einbringen der Eisenkerne wurde die Flussdichte im Zentrum bei einem Strom von 6 A von den ursprünglichen 2,7 mT auf ca. 8 mT erhöht. Wie in Abb. 5-19 dargestellt, zeigt sich hierbei deutlich die Remanenz der Eisenkerne, welche einen Absolutwert von 1,8 mT aufweist.

Abb. 5-20 zeigt eine Gegenüberstellung von Simulation und Messung für die y-Komponente des Magnetfeldes, wenn die Spulen in y-Richtung eingeschaltet sind.

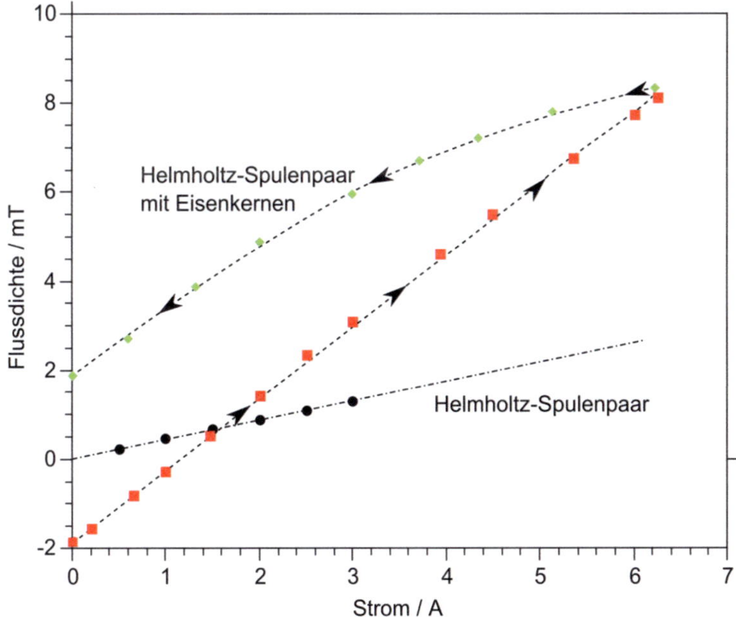

Abb. 5-19: Messungen der Flussdichten für das Helmholtz-Spulenpaar mit und ohne Eisenkerne. Aufgrund der Remanenz der Eisenkerne besteht auch ohne Strom ein Feld.

Um die Symmetrie der beiden Erregungsrichtungen zu wahren, ragen die Eisenkerne aus beiden Richtungen gleich weit an den Bereich des Demonstrators heran. Hieraus folgt, dass ein Teil der Feldlinien durch die Eisenkerne des Spulenpaars der anderen Erregungsrichtung geht und das Feld somit inhomogen wird, wie in Abb. 5-20/B dargestellt. Bei einem Strom von 4,1 A hat das Feld im Bereich des Demonstrators eine mittlere Flussdichte von 8,8 mT bei einer Standardabweichung von 3,88 mT. Zusätzlich zur Ableitung der Feldlinien durch die Eisenkerne des Spulenpaars der anderen Erregungsrichtung weisen diese auch die oben gezeigte Remanenz auf, d.h. es gibt eine Feldkomponente in x-Richtung, welche zu einer leichten Asymmetrie der Feldverteilung führt, wie in Abb. 5-20/A ersichtlich ist. Dies spielt hauptsächlich am Rand jenes Bereiches, in dem der Demonstrator positioniert wird, eine Rolle.

Der Gleichstromwiderstand zweier in Serie geschalteter Spulen beträgt ca. 0,95 Ω. Dementsprechend fällt bei einem Strom von 6,4 A an den Spulen eine Spannung von

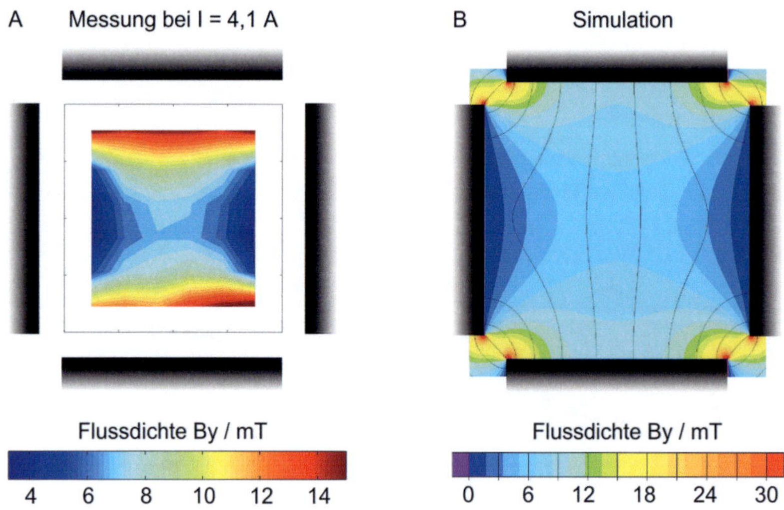

Abb. 5-20: Vergleich der Homogenität der Flussdichte in y-Richtung des Messaufbaus mit der Simulation. Die in der Simulation dargestellten Feldlinien zeigen deutlich den Einfluss der Feldschwächung durch die Eisenkerne der anderen Erregungsrichtung. Die schwarzen Balken entsprechen der Spitze der Eisenkerne und haben eine Länge von 20 mm.

6,1 V ab. Hieraus folgt eine Leistungsaufnahme von 39 W, welche als thermische Verluste im Dauerbetrieb an den Spulen auftreten.

Bei der Verwendung von Wechselspannung hängt die ins System eingebrachte Leistung von der Frequenz ab. Die Induktivität zweier in Reihe geschalteter Spulen mit Eisenkern wurde mit einem Schwingkreis auf 10 mH bestimmt. Bei einer Frequenz von 50 Hz entsteht bei einem Strom von 7,8 A eine Scheinleistung von ca. 260 W. Im Betrieb erhitzen sich Spule und Verstärker entsprechend deutlich über für einen Dauerbetrieb geeignete Temperaturen hinaus.

5.3.2 Messplatz mit Magnetrührer

Die Verwendung eines Magnetfeldes, das durch Permanentmagneten erzeugt wird, hat sich in Bezug auf Feldstärke sowie Homogenität des Feldes als vorteilhaft erwiesen. Abb. 5-21 zeigt die Verteilung der Flussdichte des Magnetrührers in y-Richtung für verschiedene Höhen über der Rührplatte des Magnetrührers. Der eingebaute Permanentmagnet ist für diese Messung in y-Richtung ausgerichtet. Die angegebenen Höhen entsprechen der Lage der weichmagnetischen Strukturen in den Demonstratoren.

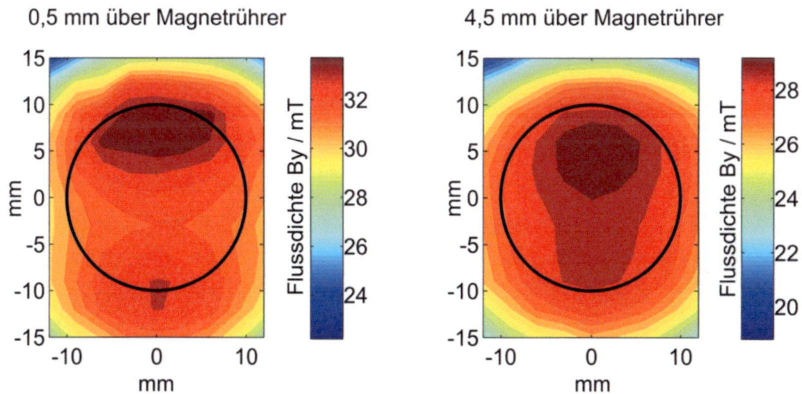

Abb. 5-21: Homogenitätsmessungen des Magnetrührers. In den angegebenen Abständen zur Auflagefläche des Magnetrührers durchgeführte Messungen der Flussdichte in y-Richtung. Die Kreise haben einen Durchmesser von 20 mm und entsprechen somit der Kantenlänge des Demonstrators.

Die durchschnittliche Flussdichte im Bereich des Demonstrators ist in Abb. 5-22 dargestellt. Als Maß der Homogenität der Felder ist die Standardabweichung eingetragen. Das durch den Magnetrührer erzeugte Feld ist rund vierfach stärker und mit einer höheren Homogenität versehen als das Feld der Helmholtz-Spulenpaare mit Eisenkernen.

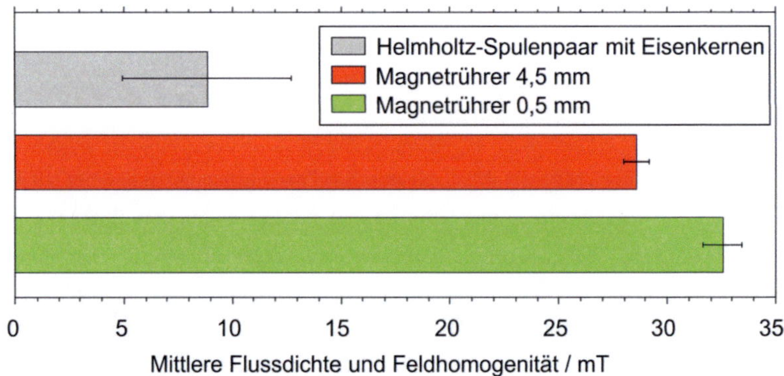

Abb. 5-22: Vergleich der mittleren Flussdichte der verschiedenen Messplätze. Die Fehlerbalken entsprechen der Standardabweichung des Feldes im Bereich des Demonstrators.

Bei der Steuerung der Partikel durch den Kanal wird das Magnetfeld zwischen den beiden Transportorientierungen (45° und 135°) hin und her gedreht. Während der Drehung erfahren die Partikel Felder in Orientierungen, die von der Partikeltransportsimulation aus Abschnitt 5.1 nicht abgedeckt sind. Abb. 5-23 gibt einen Überblick über die Dipolorientierung eines Partikels für verschiedene Feldorientierungen. Der Feldgradient im Kanal wird für zunehmende Abweichung von der Transportrichtung weniger eindeutig, es bildet sich zusehends ein weiteres Feldmaximum an den Lamellen der gegenüberliegenden Kanalseite aus. Wichtig ist, dass die Partikelorientierung der Orientierung des externen Magnetfeldes folgt. Bei einer Transportansteuerung von 45° und 135° in Bezug auf die Kanalachse rollt das Partikel an der Kanalwand der aktiven Lamelle in Transportrichtung ab und wird auf die andere Kanalseite transportiert, sobald die dortige Lamelle vollständig aufmagnetisiert ist. Dieser Abrollprozess ist wichtig für die allgemeine Transportrichtung der Partikel. Bei einer Ansteuerung zwischen -45° und 45° findet auf einer der beiden Kanalseiten ein Abrollprozess in negative Kanalrichtung statt. Befindet sich das Partikel durch den Rollprozess zum Zeitpunkt der Aufmagnetisierung der gegenüberliegenden Lamelle auf der negativen Seite der Scheidelinie (vgl. Abb. 5-2), dann findet ein Transport in negativer Richtung statt.

Neben diesen Zwischenwinkeln kann die Feldorientierung auch über den ursprünglich angedachten Bereich von 45° bis 135° hinaus gedreht werden. Abb. 5-24 zeigt eine Magnetfeldsimulation der Feldorientierungen von 44° bis 30° in Schritten von zwei Grad. Hierbei wird sichtbar, dass die Ausprägung des Feldmaximums an der Spitze der aufmagnetisierten Lamelle in Position und Größe weitgehend unverändert bleibt. Das Feldminimum, das sich vor der „inaktiven" Lamelle ausbildet, ist jedoch durch die weitere Steigerung des Feldwinkels deutlich in positiver Transportrichtung verschoben.

Die Lamellen, die bei einem Feldwinkel von 45° senkrecht zum äußeren Feld stehen, werden bei zunehmender Winkelabweichung ebenfalls aufmagnetisiert und bilden daher ein Feldmaximum und -minimum aus. Das Feldminimum ist hierbei dem

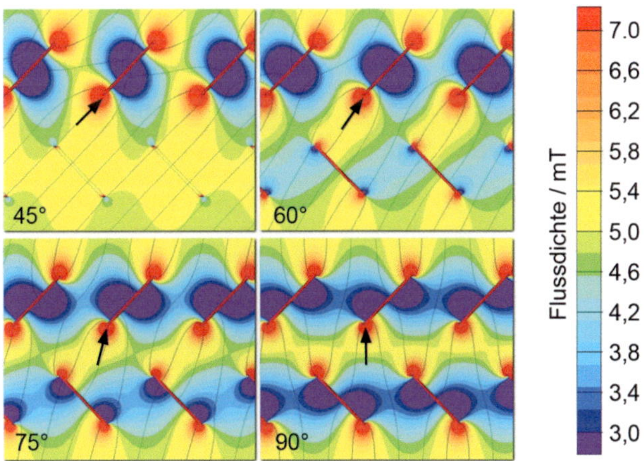

Abb. 5-23: Feldverteilung für verschiedene Feldorientierungen von 45° bis 90° zum Kanal. Diese liegen zwischen den eigentlichen Feldorientierungen zum Transport und werden zum Drehen der Partikel auf der Kanaloberfläche verwendet. Die Pfeile stellen die Dipolorientierung eines Partikels im Kanal dar. Die Orientierungen von 90° bis 135° zum Kanal sind symmetrisch und daher hier nicht dargestellt.

Kanal zugewandt und wird für zunehmende Winkelabweichungen signifikanter und in positiver Transportrichtung verschoben. In der praktischen Anwendung kann dieses Feldminimum genutzt werden, um die zu transportierenden Partikel beim Transport in der Phase I und II einem höheren Feldgradienten auszusetzen und somit eine niedrigere Transportzeit zu erreichen. Des Weiteren kann die höhere Kraft auch genutzt werden, um ungünstig liegende Phasengrenzen der Plugs zu durchstoßen.

Zusätzlich zur variablen Ansteuerung bietet der Magnetrührer auch die Möglichkeit, die Partikel stationär im Kanal rotieren zu lassen. Wird hierbei eine Rotationsgeschwindigkeit gewählt, die oberhalb von einigen Hz liegt, rotieren die Partikel stationär vor den Spitzen der Lamellen. Wird eine Rotationsgeschwindigkeit gewählt, die dem Partikel die Zeit gibt, von der einen Kanalwand zur anderen zu wandern, so stellt sich eine elliptische Bahn ein, deren Hauptachse auf der Verbindungslinie zwischen zwei Lamellenspitzen liegt. Hierbei kommen oben genannte Abrolleffekte zum Tragen. Bei der Verwendung von Plugs bzw. Reaktionskammern ist darauf zu achten, dass die Phasengrenze nicht im Bereich der elliptischen Bahn liegt. Die Rotation der Partikel kann gezielt genutzt werden, um

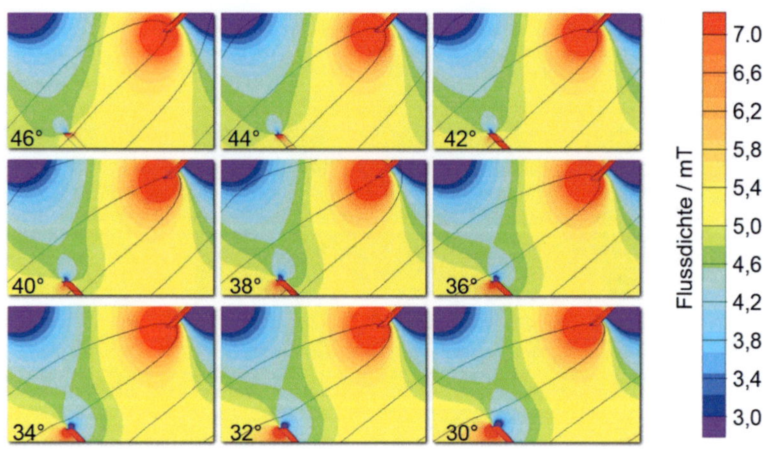

Abb. 5-24: Einfluss der Feinjustierung der Transportwinkel. Bei zunehmender Abweichung der Winkel von 45° werden auch die vormals inaktiven Lamellen aufmagnetisiert und bilden ein deutlicheres Feldminimum aus. Dies kann genutzt werden um dem Partikel eine höhere Kraft zu vermitteln.

eine Durchmischung des Fluids zu erreichen oder um Reaktionszeiten herabzusetzen.

Durch die Verwendung von Permanentmagneten als Magnetfeldquelle wird das Bauvolumen zur Felderzeugung im Vergleich zu einem Aufbau mit Spulen deutlich reduziert. Des Weiteren ermöglicht die kompakte Bauweise eine bessere Zugänglichkeit zum fluidischen Bauteil, welches im konkreten Fall auf dem Magnetrührer positioniert wird.

5.4 Charakterisierung der Zweiphasensysteme

In dieser Arbeit wurden zahlreiche Zweiphasensysteme im Hinblick auf ihre Eignung zur Generierung partikeldurchlässiger Flüssigkeitsplugs charakterisiert. Im Folgenden soll jedoch nur ein Überblick über den jeweils wichtigsten Vertreter jeder Gruppe gegeben werden. Wasser und höhere Alkane, wie z. B. Tetradekan oder Cyclohexan, bilden Zweiphasensysteme welche aufgrund der gänzlichen Nichtlöslichkeit der Phasen ineinander eine hohe Grenzflächenspannung besitzen. Wasser und Isobutanol bilden ein Zweiphasensystem, das durch eine teilweise gegenseitige Löslichkeit gekennzeichnet ist. Das wässrige Zweiphasensystem ist das in Abschnitt 4.7 beschriebene PEG-Phosphat System.

Für die Charakterisierung der Systeme ist es wichtig, dass sich die Zusammensetzung der gebildeten Phasen im Gleichgewicht befindet. Hierfür muss beim Ansetzen des Systems zunächst eine vollständige Durchmischung erzeugt werden, welche sich aufgrund der Dichteunterschiede in eine obere und eine untere Phase, mit entsprechenden Mischkonzentrationen, separiert.

5.4.1 Messung der Grenzflächenspannung

Die Grenzflächenspannungen der Zweiphasensysteme wurden für die reinen Partner untersucht und zusätzlich der Einfluss eines Netzmittels bestimmt. Bei der Verwendung von Polysorbat 20 als Netzmittel wird die Oberflächenspannung von Wasser nur bis zum Erreichen der kritischen Mizellenbildungskonzentration reduziert. Der Terminus Oberflächenspannung bezeichnet hierbei die Grenzflächenspannung zwischen Wasser und Luft. Eine zusätzliche Erhöhung der Konzentration des Netzmittels reduziert die Grenzflächenspannung nicht weiter, da die Moleküle des Netzmittels

Mizellen bilden. Für Wasser kann durch Zusatz von Polysorbat 20 die Oberflächenspannung bei Raumtemperatur von ca. 72 mN/m auf 36 mN/m reduziert werden [42].

Tabelle 5 zeigt die Ergebnisse der Grenzflächenspannungsmessung der angegebenen nichtpolaren Lösungsmittel und den Einfluss von Polysorbat 20 als Netzmittel, welche mit der Methode des hängenden Tropfens in einer Glasküvette bestimmt wurden (OC20, Dataphysics)

Tabelle 5: Grenzflächenspannungen der angegebenen Paarungen der Medien. Die Werte von n-Tetradekan und Cyclohexan sind gemessen, die Werte von Isobutanol sind über die zur Verfügung stehenden Methoden nicht bestimmbar.

	n-Tetradekan	**Cyclohexan**	**Isobutanol**
H_2O	37,4 mN/m	38,0 mN/m	2 mN/m [18]
0,02 mg/ml Polysorbat 20 in H_2O	10,1 mN/m	7,8 mN/m	nicht messbar

Die Grenzflächenspannungen des wässrigen Zweiphasensystems und des Isobutanol-Wasser-Mischsystems konnten auch mit der Ringmethode nicht bestimmt werden. Die Sensibilität der Phasengrenzendetektion ist bei dieser Methode durch die Empfindlichkeit der Waage limitiert, an welcher der Ring aufgehängt ist. Literaturwerte für wässrige Zweiphasensysteme zeigen jedoch, dass die Grenzflächenspannung zwischen den Phasen unter 0,1 mN/m liegt [24].

5.4.2 Verteilungsverhalten von Farbstoffen in Zweiphasensystemen

Für die Versuche des Partikeltransports durch Phasengrenzen besteht die Notwendigkeit, die Phasengrenze sichtbar zu machen. Hierzu wird Tinte bzw. Fluoreszein eingesetzt. Bei der Verwendung von Fluoreszein als Farbstoff lässt sich hieraus zusätzlich eine Tendenz für die Selektivität der Phasen für Biomoleküle ableiten. Das Verteilungsverhalten des Farbstoffes wird durch seine Interaktion mit Wasser sowie mit dem eingesetzten Lösungsmittel bestimmt.

Bei einem Zweiphasensystem mit Cyclohexan oder n-Tetradekan und Wasser löst sich Tinte ausschließlich in der wässrigen Phase, da die Tinte eine Suspension auf wässriger Basis ist. In dem verwendeten PEG-Phosphat-System geht der Farbstoff selektiv in die obere, PEG-reiche Phase, wie in Abb. 5-25 dargestellt. Durch

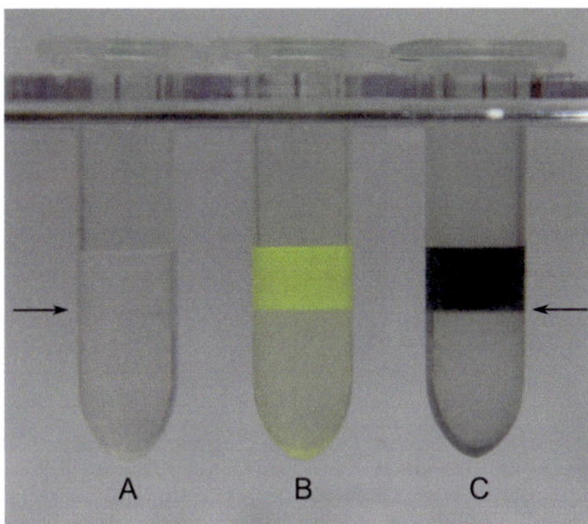

Abb. 5-25: Verteilungsverhalten von Farbstoffen im PEG-Phosphat-System. Die Pfeile zeigen auf die Phasengrenze zwischen der PEG-armen (unteren) und der PEG-reichen (oberen) Phase. A: reines PEG-Phosphat-System, B: Fluoreszeinkonzentration von 0.1 mM, C: schwarze Tinte geht ausschließlich in die obere Phase.

spektroskopische Messungen wurde das Verteilungsverhalten quantifiziert: Die Tinte geht vollständig in die obere Phase (Abb. 5-25/C), die Absorption der unteren Phase entspricht der der Referenz (Abb. 5-25/A). Fluoreszein ist nicht vollständig selektiv, es geht jedoch zu großen Teilen in die obere Phase. Absorptionsmessungen bei 495 nm zeigen, dass das Verhältnis der Absorptionen der oberen und unteren Phase ca. sieben ist. Unter der Annahme einer linearen Kalibrierkurve von Absorption zu Konzentration entspricht dies einer 7-fachen Konzentration von Fluoreszein in der oberen Phase (siehe Tabelle 6). Im Falle der Tinte in der oberen Phase ist die Absorption im sichtbaren Spektrum vollständig (Abb. 5-25/C), d.h. das Verhältnis der gemessenen Absorptionen ist nur ein Minorandenkriterium für das Verhältnis der Konzentrationen.

Tabelle 6: Absorptionsmessungen zum Verteilungsverhalten von Fluoreszein und Tinte im wässrigen Zweiphasensystem. * Gemessene Absorption bei 495 nm, die Probe der Tinte in der oberen Phase absorbiert im sichtbaren Spektrum praktisch vollständig, die Konzentration ist hier nicht mehr proportional zur Absorption.

Absorption / AU	0,1mM Fluoreszein bei 495 nm (Abb. 5-25/B)	1 Vol.-% Tinte bei 495 nm (Abb. 5-25/D)
Obere Phase	1,07	2,91 *
Untere Phase	0,14	0,01

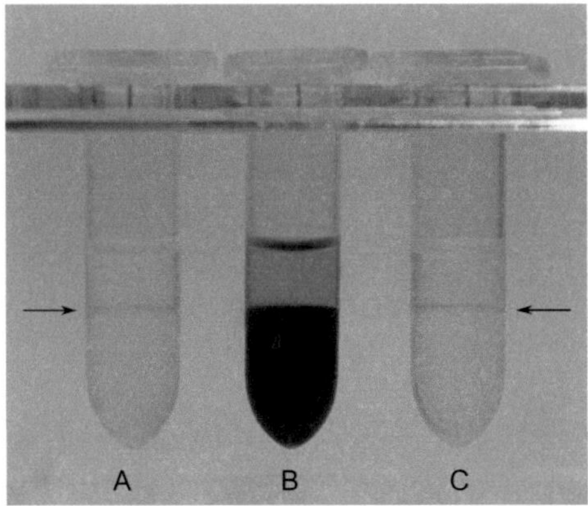

Abb. 5-26: Zweiphasensystem mit Isobutanol und Wasser (A). Die Pfeile zeigen auf die Phasengrenze zwischen der isobutanolreichen (oben) und wasserreichen (unten) Phase. B und C sind jeweils mit Tinte (1 Vol.-%) und Fluoreszein (0,1 mM) angefärbt.

Mit Ausnahme von Isobutanol ist ein selektives Verteilungsverhalten der Farbstoffe für die oben genannten, höheren Alkane gegeben: Die Farbstoffe lösen sich ausschließlich in der wässrigen Lösung. Bei Isobutanol ist aufgrund der Teillöslichkeit mit Wasser die Selektivität des Farbstoffes nicht eindeutig gegeben, d.h. ein Teil des Farbstoffes löst sich auch in der isobutanolreichen Phase. Abb. 5-26 zeigt verschiedene Isobutanol-Wasser-Zweiphasensysteme. Der Farbstoff löst sich in der wasserreichen, unteren Phase. Die Selektivität ist geringer als im wässrigen Zweiphasensystem. Bei vergleichbarer Gesamtfarbstoffkonzentration ist die Konzentration von Fluoreszein in der unteren Phase ca. dreimal höher als in der oberen Phase, wie aus Tabelle 7 zu entnehmen ist. Auch für Tinte lässt sich eine reduzierte Selektivität nachweisen.

Tabelle 7:   Absorptionsmessungen zum Verteilungsverhalten von Fluoreszein und Tinte im Isobutanol-Wasser-Zweiphasensystem. * Gemessene Absorption bei 495 nm, die Probe der Tinte in der unteren Phase absorbiert im sichtbaren Spektrum vollständig, die Konzentration ist hier nicht mehr proportional zur Absorption.

Absorption / AU	1 Vol.-% Tinte bei 495 nm (Abb. 5-26 /B)	0,1mM Fluoreszein bei 495 nm (Abb. 5-26 /C)
Obere Phase	0,53	0,27
Untere Phase	3,29 *	0,97

5.4.3 Generierung von Plugs im Kanalsystem

Die zur Generierung abgeschlossener Reaktionskammern innerhalb eines Kanalsystems genutzten Flüssigkeitsplugs eines Zweiphasensystems werden, wie in Abschnitt 4.8 beschrieben, mit einer Spritzenpumpe eingezogen. Im Falle des verwendeten Demonstrators besitzt ein Plug mit der Länge 1,6 mm ein Volumen von 300 nl.

Das Einziehen von Tetradecan oder Isobutanol als Separatorplug im Wechsel mit wässrigen Lösungen ist unkompliziert. Die Plugs aus den unpolaren Medien separieren hierbei die Reaktionskammern, welche mit dem Reaktionsmedium auf wässriger Basis gefüllt sind. Die Grenzflächenspannung zwischen den Phasen ist ausreichend hoch, sodass sich keine Durchmischung der wässrigen Phase mit der unpolaren Phase ausbildet, oder dass Benetzungseffekte beim Einziehen stören. Die Volumina der jeweiligen Phasen haben das mit der Spritzenpumpe vorgegebene Volumen.

Bei der Generierung von Reaktionskammern aus der oberen und der unteren Phase eines wässrigen Zweiphasensystems ist eine gewisse Sorgfalt geboten. Die Grenzflächenspannung zwischen den Phasen eines wässrigen Zweiphasensystems ist deutlich geringer, als die eines polar-nichtpolaren Zweiphasensystems. Bei sinkender Grenz-

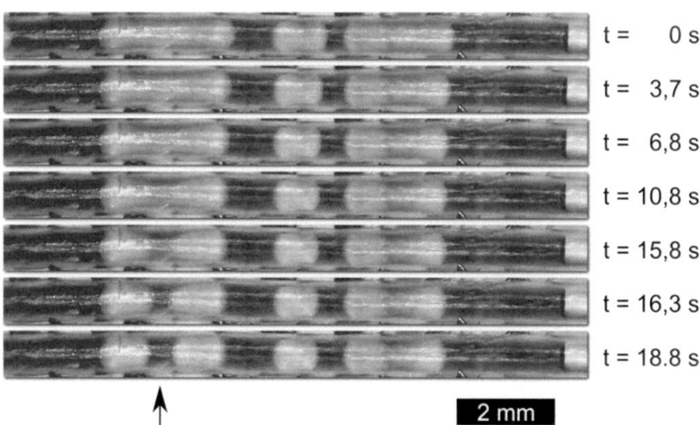

Abb. 5-27: Blick auf einen Kanal zu verschiedenen Zeitpunkten nach einem Transport der Plugs mit einer Flussrate von 13 μl/min. Wiederausbildung (Pfeil) und Vergrößerung von Plugs eines wässrigen Zweiphasensystems. Die Plugs der PEG-reichen Phase sind mit Tinte dunkel eingefärbt.

flächenspannung rückt der Einfluss der Wechselwirkung der Phasen mit der Kanalwand in den Vordergrund, wobei die PEG-reiche Phase eine höhere Affinität zur Kanalwand hat als die PEG-arme Phase, was sich in der Benetzung der Kanalwand niederschlägt. Beim Einziehen der Plugs ist die Flussrate so niedrig zu wählen, dass sich die Plugs nicht auflösen. Bei Flussraten größer 6 μl/min werden die Plugs der oberen (PEG-reichen) Phase kleiner und verschwinden schließlich. Dies ist darauf zurückzuführen, dass sich durch die Benetzung der Kanalwand eine Wandschicht aus der oberen Phase ausbildet. Die untere Phase ist hierbei in einer langgezogenen Blase im Kanalinneren ohne Kontakt zur Kanalwand. Dieser Zustand ist aufgrund der vergrößerten Oberfläche energetisch ungünstig, die Phasen sind bestrebt ihr Oberfläche-zu-Volumen-Verhältnis wieder zu reduzieren. Dies geschieht durch eine Wiederausbildung von Plugs, wie in Abb. 5-27 dargestellt ist. Neben der Entstehung eines Plugs, vergrößern sich auch alle übrigen Plugs der oberen Phase. Dieser scheinbare Volumenzuwachs der Plugs der oberen Phase ist auf ein Verdrängen der Wandschicht durch den Plug der unteren Phase zurückzuführen.

Beim Einziehen der Plugs mit niedrigeren Flussraten spielt die höhere Affinität der PEG-reichen Phase zur Kanalwand ebenfalls eine Rolle. Durch Einziehen einer Plugabfolge von *Luft – obere Phase – untere Phase – obere Phase – Luft* kann die Volumenänderung der *oberen Phasen* sichtbar gemacht werden. Durch diese Verschleppung vergrößert sich beim Pumpen die in Flussrichtung hintere obere Phase auf Kosten der vorderen. Eine Auswertung bei verschiedenen Flussraten zeigt, dass die

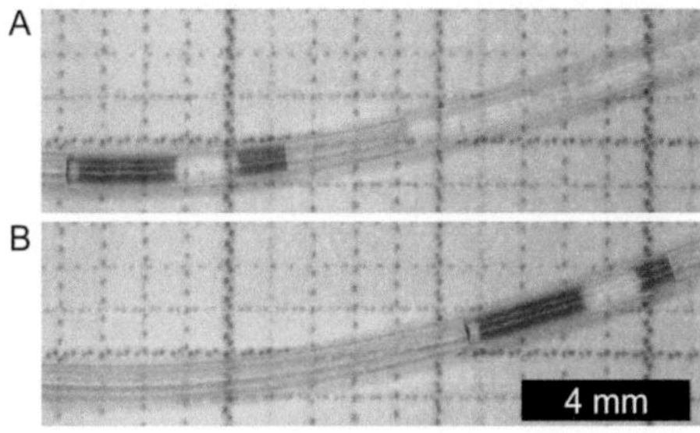

Abb. 5-28: Reduzierung des vorderen Plugs durch eine Förderung von 1,74 μl mit einer Flussrate von 0,1 μl/min. Der Plugsandwich wird zu beiden Seiten mit Luft abgeschlossen.

Flächenänderungsrate der Plugs, d.h. die Verschleppung, mit der Flussrate ansteigt. Wie in Abb. 5-29 für eine Flussrate von 0,1 μl/min gezeigt, ist bei einem Transport über eine Strecke von 10 mm (1,74 μl gepumptes Volumen) bereits eine deutliche Reduzierung des Volumens des vorangehenden Plugs sichtbar.

Beim Einziehen der Plugs für den Machbarkeitsnachweis der Mehrschrittreaktion (Abschnitt 5.7) wurde eine Flussrate von 0,1 μl/min verwendet, welche einen Kompromiss zwischen Verschleppung und der für die Befüllung des Systems notwendigen Zeit darstellt. Wie in Abb. 5-29 dargestellt, ist hierbei keine Verschleppung des Fluoreszenzfarbstoffes in die umliegenden Plugs der oberen Phase nachweisbar.

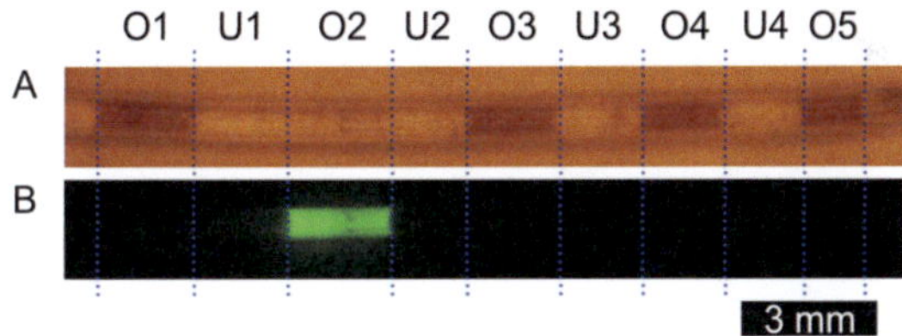

Abb. 5-29: Von links nach rechts eingefüllte Plugs im Kanal, O und U bezeichnen obere und untere Phase. A: Beleuchtung mit Licht ohne Blauanteil um Anregung des Fluoreszeins zu vermeiden und B: Anregung des Fluoreszenzfarbstoffes, keine Verschleppung des Fluoreszenzfarbstoffes in O1 oder O3 sichtbar.

5.5 Machbarkeitsnachweis des Partikeltransports

Der Messaufbau mit den Helmholtzspulen wurde zur Überprüfung der erreichbaren Transportgeschwindigkeiten eingesetzt. Hierfür wurde das Magnetfeld mit verschiedenen Umschaltfrequenzen betrieben und so die maximale Geschwindigkeit von Partikeln im System bestimmt. Der in Abschnitt 4.2 vorgestellte Demonstrator wurde mit einem Schlauchinnendurchmesser von 500 μm verwendet.

5.5.1 Einzelpartikel

Die experimentellen Ergebnisse des Transports von Magnetpartikeln (Sirotherm) mit einer Größe von 200 μm - 350 μm in einem zeitlich konstanten Feld korrelieren mit den Resultaten der Simulation. Der Pfad, den die Partikel zurücklegen, deckt sich in der Form mit dem durch die Simulation bestimmten Transportpfad (vgl. Abb. 5-3/B). Abb. 5-30 zeigt den Transportpfad zweier Partikel sowie ein Überlagerungsbild aller Partikelpositionen aus einem Video. Der Transportpfad wurde durch die in Abschnitt 4.4.2 beschriebene Methode aus dem Video extrahiert. Sowohl die Haltepunkte als auch deren Position relativ zu den Lamellen entsprechen denen der Simulation. Diese Ergebnisse der Experimente mit Einzelpartikeln validieren die Simulation qualitativ.

In Abb. 5-31 ist das aus den Videos extrahierte Geschwindigkeitsprofil dargestellt. Obwohl durch die Bildwiederholrate von 100 Hz des Videos diskretisiert, stimmt der qualitative Kurvenverlauf mit dem der Simulation überein (vgl. Abb. 5-4/A). Die Ungleichheit der Geschwindigkeitsprofile für die unterschiedlichen Feldorientierungen weist auf Ungenauigkeiten in der Fertigung des Demonstrators hin, welche durch die Positionierung der Lamellen verursacht sind. Die verwendeten Partikel haben einen Durchmesser von 300 μm bzw. 320 μm. Dieser Durchmesser wurde aus den Videodaten mit einer Genauigkeit von +/- 20 μm bestimmt. Für ein sphärisches Partikel ergibt sich für den kleineren Durchmesser ein 22 % kleineres Volumen, woraus sich die in Abb. 5-31 dargestellten unterschiedlichen Transportzeiten ergeben. Aufgrund der Steuerung des externen Magnetfeldes mittels der Umschaltfrequenz entstehen an den Haltepunkten des Partikels Wartezeiten. Diese können durch eine Erhöhung der Umschaltfrequenz reduziert werden. Der Transport der Sirotherm Partikel ist mit Frequenzen bis zu 4 Hz möglich. Oberhalb dieser Frequenz reicht die Zeit in der das

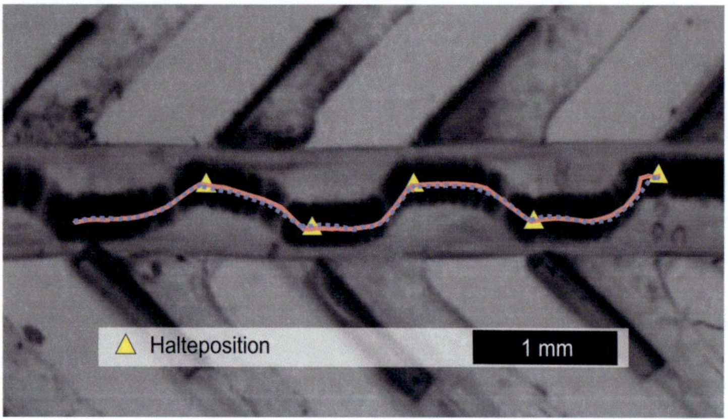

Abb. 5-30: Rekonstruierte Partikeltransportpfade zweier Partikel.

Feld eingeschaltet ist, nicht mehr aus, um den Partikel in der Transportphase II von der Wand abzulösen. Ein Transport findet dann nicht mehr statt, da das Partikel in der darauf folgenden Magnetfeldorientierung wieder zu der ursprünglichen Lamelle zurückgezogen wird.

Wie in Abb. 5-32 gezeigt, ist der sequenzielle Transport mehrerer Partikel im Kanal möglich, wenn die Partikel nicht miteinander interferieren. Dies ist der Fall wenn jedem Partikel in jedem Magnetfeldumschaltschritt eine eigene Lamelle zur Verfügung steht. Ein Video dieses Partikeltransports mit verschiedenen Umschaltfrequenzen kann als elektronisches Zusatzmaterial der Publikation [43] abgerufen werden.

Neben dem Transport in einem zeitlich konstanten Feld ist der Transport auch in einem Wechselfeld möglich, dessen räumliche Orientierung zwischen zwei 90° gedrehten Positionen geschaltet wird. Die hier verwendeten Partikel lassen sich bis zu einer Wechselfeldfrequenz von 100 Hz transportieren. Hierbei rotieren die Partikel im

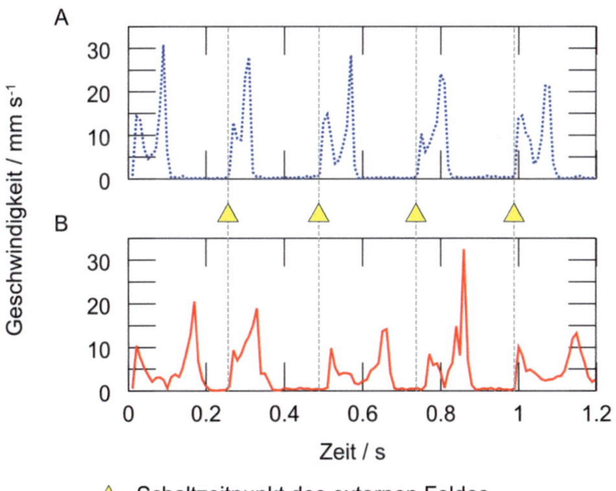

Abb. 5-31: Geschwindigkeitsprofile der in Abb. 5-30 dargestellten Partikel. Diese bestätigen qualitativ die Ergebnisse der Simulation. Die in B dargestellte Kurve entspricht einem Partikel mit niedrigerem Volumen und somit entwickeln sich niedrigere Geschwindigkeiten. Die Umschaltfrequenz beträgt 2 Hz.

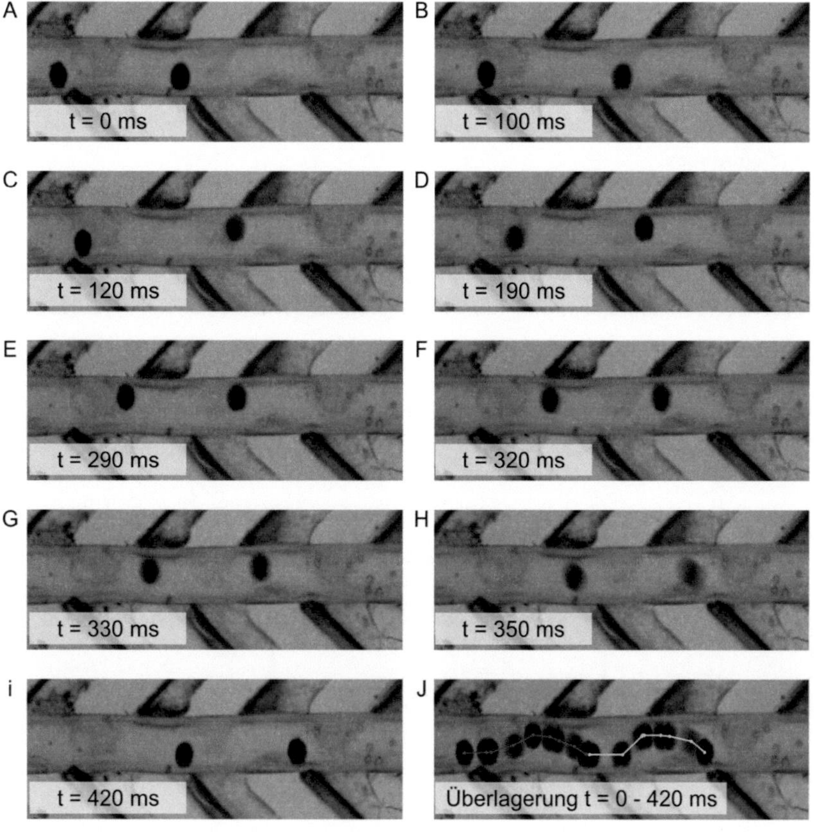

Abb. 5-32: Sukzessiver Transport zweiter Partikel

Wechselfeld und folgen dabei der oben vorgestellten Transportbahn. Frequenzen oberhalb von 200 Hz zeigen keine eindeutige Transportrichtung, bei einer Frequenz von 1000 Hz weisen die Partikel kein Rotieren mehr auf, sondern bilden eine Kette aus. Diese Abhängigkeit von der Wechselfeldfrequenz ist auf die Tiefpasswirkung der Spulen zurückzuführen. Bei niedrigeren Frequenzen ist das erzeugte Feld höher.

Der Transport der Partikel mit dem Messplatz, der das Feld mit einem Permanentmagneten erzeugt, ist ebenfalls möglich. Hier ist zu beachten, dass die in Abschnitt 4.5.1 beschriebene Ansteuerung verwendet werden muss, um einen Transport in die gewünschte Kanalrichtung zu gewährleisten.

5.5.2 Partikelschwärme

Gegenüber den oben genannten, vergleichsweise großen Partikeln birgt die Verwendung kleinerer Partikel Vorteile, da das Oberfläche-zu-Volumen-Verhältnis ansteigt. In diesem Fall werden die Partikel nicht mehr als Einzelpartikel transportiert, sondern als Partikelschwarm, wobei der Transport von Magnetpartikeln mit einem Durchmesser von 30 μm untersucht wurde. Die Größe eines Partikelschwarms wird durch die Anzahl der Partikel im Einzugsgebiet einer Lamelle bestimmt. Im Gegensatz zur Handhabung von Einzelpartikeln gibt es eine Interaktion der Partikel untereinander. Allgemein bilden mehrere Partikel in einem Magnetfeld eine Kette, wenn sie sich im gegenseitigen Einflussbereich befinden. Diese Kettenbildung findet auch im Kanal statt. Bei hoher Partikelkonzentration bilden sich Partikelschwärme aus, die sich von einer Kanalwand zur anderen erstrecken. Beim Umschalten des Magnetfeldes teilt sich ein solcher Partikelschwarm auf: Der hintere Teil, der sich vor Umschalten des Feldes noch bis vor die inaktive Lamelle erstreckt hat, bleibt an dieser Position bei der nun aktiven Lamelle, wie in Abb. 5-33/C an der oberen Kanalseite sichtbar ist. Der vordere Teil dreht sich zunächst und wandert dann auf dem bekannten Transportpfad zur nächsten aktiven Lamelle. Der hintere Teil des Schwarms wird bei der folgenden Magnetfeldumschaltperiode weitertransportiert. Kleine Partikelschwärme, die sich vollständig vor der aktiven Lamelle befinden, werden je nach Umschaltfrequenz weitestgehend vorantransportiert. Konkret bedeutet dies, dass kleine Partikelschwärme auf Kosten großer anwachsen und durch diesen Mechanismus eine etwaige Ungleichverteilung der Partikelschwärme im Kanal homogenisiert wird. Die Verweilzeit eines einzelnen Partikels im System ist daher im Gegensatz zum Einzelpartikeltransport nur

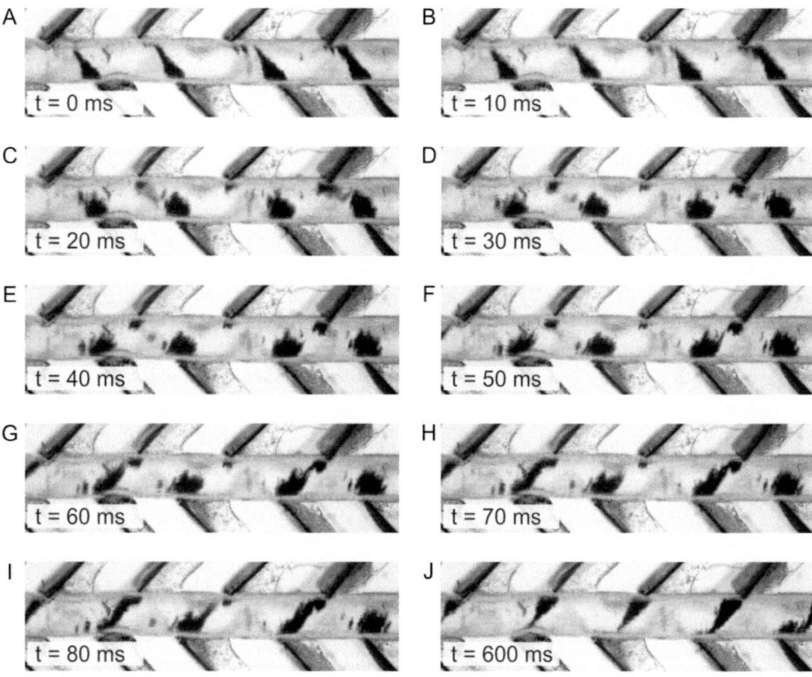

Abb. 5-33: Darstellung von Partikelschwärmen. Nach dem Umschalten des Feldes (A) dreht sich der Partikelschwarm (B-G), ein Teil des Schwarms bleibt an der Ausgangslamelle zurück (C-F, obere Kanalseite), der Rest wird zur nächsten aktiven Lamelle transportiert (H-J). Die Umschaltfrequenz beträgt 0,8 Hz.

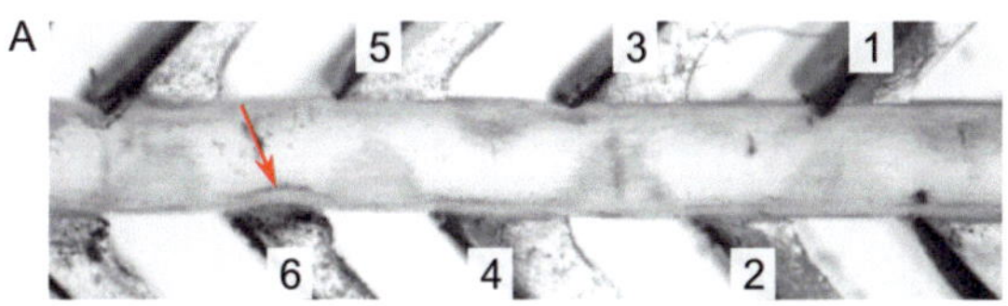

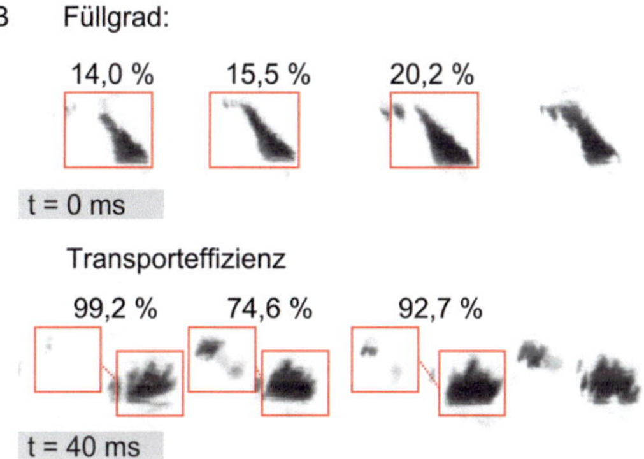

Abb. 5-34: A: Bezeichnung der Lamellen in der statistischen Analyse des Partikelschwarm-
transports. Der Pfeil zeigt auf eine Verformung der Kanalwand. B: Illustration
der Berechnung von Füllgrad und Transporteffizienz. Die Bilder der Partikelflä-
chen entsprechen den aus Abb. 5-33/A und C. Der Füllgrad entspricht dem
Verhältnis der Schwarmfläche zum Einzugsbereich einer Lamelle, dargestellt
durch die jeweiligen Kästen. Die Transporteffizienz entspricht dem Verhältnis
aus der voran transportierten Schwarmfläche und der Summe der voran transportierten und verbleibenden Flächen. Im gezeigten Beispiel hat die Lamelle 6 bei
einem Füllgrad von 14 % eine Transporteffizienz von 99,2 %.

statistisch zu betrachten. Abb. 5-33 zeigt den Transport von Partikelschwärmen bei einer Frequenz von 0,8 Hz für verschiedene Zeitpunkte nach dem Umschalten der Feldrichtung.

Eine statistische Auswertung der in Abb. 5-33/A und C gezeigten Flächen der Partikelschwärme gibt Aufschluss über den Zusammenhang zwischen der Fläche eines Partikelschwarms, der Umschaltfrequenz und der Transporteffizienz. Das Flächenverhältnis des hinteren Teils, der nicht transportiert wird, zum Gesamtpartikelschwarm ist als Transporteffizienz definiert. Neben der Größe eines Partikelschwarms beeinflusst auch die Umschaltfrequenz wird die Transporteffizienz. Ist der Partikelschwarm zum Umschaltzeitpunkt noch nicht vollständig auf der anderen Kanalseite angekommen, so reduziert sich die Transporteffizienz. Als fiktives Beispiel sei hier ein Umschalten zum in Abb. 5-33/I dargestellten Zeitpunkt genannt. Zur statistischen Auswertung werden für jedes Umschalten des Feldes aus dem Video Standbilder kurz vor dem Umschalten (Abb. 5-33/A) des Feldes und Standbilder nach dem Drehen (Abb. 5-33/C) der Partikelteilschwärme extrahiert. Aus erstgenannten Standbildern wird als Maß für den Füllgrad die Fläche des Partikelschwarms mit der Fläche des Einzugsgebiets einer Lamelle verglichen, wie in Abb. 5-34/B dargestellt. Nach dem Umschalten teilt sich der Schwarm (u. U.) und zur Berechnung der Transporteffizienz wird hier die Fläche des transportierten Teils des Partikelschwarms mit der Summe der beiden Teilflächen des Partikelschwarms ins Verhältnis gesetzt.

Die Transporteffizienz lässt sich in Abhängigkeit des Füllgrades für jede der oben gezeigten Lamellen als Mittelung über die Frequenzen darstellen, wie in Abb. 5-35 dargestellt. Hieraus wird deutlich, dass die Lamellen der beiden Kanalseiten ein unterschiedliches Verhalten aufweisen. Bei den Lamellen der oberen Kanalseite (Lamellennummer 3, 5 und 7) nimmt die Transporteffizienz mit zunehmendem Füllgrad ab. Die Transporteffizienz der Lamellen auf der unteren Kanalseite ist für niedrige Füllgrade sehr schlecht. Mit steigendem Füllgrad steigt die Transporteffizienz und fällt ab einem Füllgrad von 25% analog zur Transporteffizienz der Lamellen der oberen Kanalseite wieder ab. Die starke Streuung der Transporteffizienz der Lamellen einer Kanalseite ist auf Fertigungsungenauigkeiten zurückzuführen. Die unterschiedliche Transporteffizienz der Lamellen beider Kanalseiten ist möglicherweise mit einer leichten Verdrehung des Demonstrators aus der 45° Orientierung zu begründen: Durch diese Verdrehung trifft das externe Feld der einen Feldorientierung den Kanal mit einem spitzeren Winkel als 45°, während die andere Feldorientierung

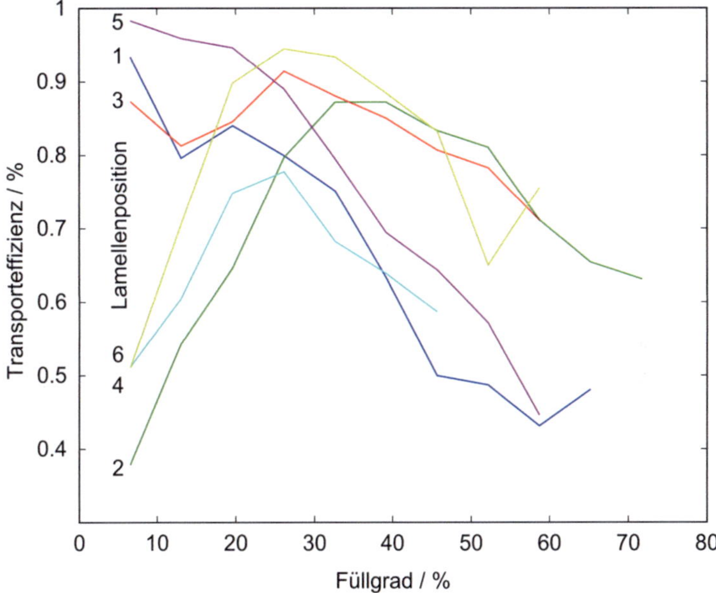

Abb. 5-35: Einfluss des Füllgrades auf die mittlere Transporteffizienz der angegebenen Lamellen.

in einem stumpferen Winkel als 45° auf den Kanal trifft. Hieraus resultieren minimale Veränderungen der Feldgradienten im Kanal (vgl. Abb. 5-24). Die wesentliche Veränderung ist eine Verschiebung des Feldminimums an der Lamelle, von welcher der Transportvorgang startet. Diese Veränderung ist lokal auf den Bereich der Spitze der Lamelle begrenzt und betrifft daher nur die niedrigen Füllgrade des Kanals. Bei höheren Füllgraden ist der Schwarm ausreichend groß, um nicht von der Verschiebung des Feldminimums beeinflusst zu werden.

Die Tabellen 8 und 9 stellen die Transporteffizienz aufgegliedert nach Füllgraden und nach Frequenzen für die Lamellen der oberen Kanalseite und der unteren Kanalseite gegenüber. Hier ist ersichtlich, dass neben der Abhängigkeit vom Füllgrad auch die oben beschriebene Abhängigkeit von den Frequenzen besteht. Auffällig ist die

Tabelle 8: Transporteffizienz in Abhängigkeit von Frequenz und Füllgrad für die Lamellen 3, 5 und 7.

| | | | | | | Frequenz / Hz | | | | | | | |
<	0,2	0,4	0,5	0,6	0,7	0,8	0,9	1	1,2	1,4	1,6	1,8	2
7	100,0	100,0	96,0	95,5	91,4	93,3	88,3	97,8	99,9	83,0	98,4	94,9	95,0
13	100,0	98,3	97,1	98,5	95,5	95,8	100,0	97,4	82,8	64,7	88,3	87,9	81,9
20	98,0	99,8	98,2	93,9	95,8	91,4	96,1	97,6	90,4	76,9	89,7	75,2	84,8
26	92,9	95,1	91,3	93,7	89,6	87,7	89,2	86,7	81,7	76,4	87,0	75,1	81,6
33	84,0	79,6	73,5	78,5	82,9	84,4	83,9	85,6	83,1	69,6	81,8	73,0	79,3
39	81,5	60,4	66,9	86,7	66,8	67,7	70,9	71,7	79,7	56,3	74,3	62,1	
46							55,5	59,9	73,9	35,6	73,2		
52				59,6			53,5		55,4		58,5		
59									48,9				
65									48,1				

Tabelle 9: Transporteffizienz in Abhängigkeit von Frequenz und Füllgrad für die Lamellen 2, 4 und 6.

| | | | | | | Frequenz / Hz | | | | | | | |
<	0,2	0,4	0,5	0,6	0,7	0,8	0,9	1	1,2	1,4	1,6	1,8	2
7	98,2	70,6	60,1	41,5	68,9	48,5	57,5	37,1	59,6	35,4	15,9	27,2	35,8
13	95,7	94,3	93,0	85,7	85,0	75,3	84,8	77,9	63,1	66,4	60,2	47,9	48,9
20	97,6	99,4	94,6	90,8	91,2	90,6	91,5	90,2	78,0	82,3	76,9	52,7	61,1
26	96,1	84,8	88,5	90,8	89,4	86,7	86,1	87,3	81,4	70,6	78,0	50,0	63,9
33	99,3	95,3	87,1	94,1	93,7	85,0	83,3	78,2	84,7	70,9	78,3	83,0	71,0
39		94,9	90,3		91,4	83,7	83,5	78,8	71,5	55,2	78,2	78,5	
46		89,0	91,1		87,8	91,0	82,7	74,8	68,6		71,6		
52							84,8		70,3	63,8	77,7		
59							73,2		73,7		69,1		
65									65,4				
71									63,1				

sehr schlechte Transporteffizienz der Lamellen 2, 4 und 6 für niedrige Füllgrade. Der relative Fehler und die Anzahl der Elemente zu beiden Tabellen ist in Anhang 2 hinterlegt.

Aus den Daten der einzelnen Lamellen lassen sich neben der Streuung auch Effekte durch Fertigungsungenauigkeiten herauslesen. Trägt man die Transporteffizienz der 5. Lamelle über den Füllgrad für die verschiedenen Frequenzen auf, so lässt sich eine Grenzfrequenz bestimmen, die den systemspezifischen Einfluss der Umschaltfrequenz zeigt. Abb. 5-36 zeigt die Transporteffizienz unter- und oberhalb der für diese Lamelle als 1,1 Hz bestimmten Grenzfrequenz. Unterhalb der Grenzfrequenz werden alle Füllgrade kleiner 20% mit einer Transporteffizienz von nahezu 100% transportiert. Der Grund hierfür ist die in Abb. 5-34/A mit einem Pfeil markierte Deformation der Kanalwand, welche sich positiv auf den Transport der Partikel von Lamelle 6 zu Lamelle 5 auswirkt. Dies entspricht, analog zu den Ergebnissen der Simulation, einer

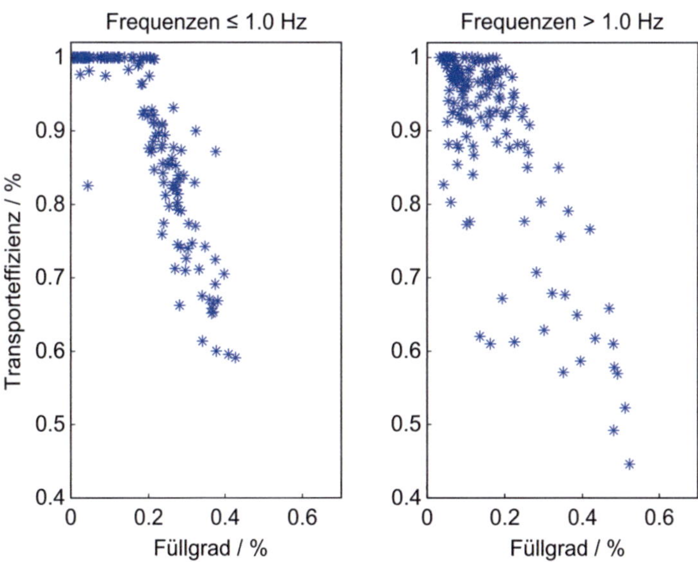

Abb. 5-36: Darstellung der einzelnen Datenpunkte der Lamelle 5. Sichtbar ist die Grenzfrequenz.

lokalen Verringerung der Kanalbreite, welche eine Erhöhung der Transportgeschwin-digkeit in der Transportphase II nach sich zieht. Diese Eigenschaft bildet sich etwas abgemildert auch in Tabelle 8 in den Bereichen 0,2-1 Hz und 0-20% Füllgrad ab.

Bei der Durchführung von Versuchen kann der globale Füllgrad, wie in Kapitel 4.6 beschrieben, nur über eine minimale Konzentration kontrolliert werden. Als Parame-ter für die Durchführung der Versuche steht die Umschaltfrequenz zur Verfügung. Fasst man alle Füllgrade aller Lamellen zusammen, ergibt sich für das Gesamtsystem die in Abb. 5-37 dargestellte Transporteffizienz in Abhängigkeit von der Umschalt-frequenz. Die hohe Standardabweichung kommt durch das Zusammenfassen aller Lamellen zustande, da diese die oben genannten Fertigungsungenauigkeiten aufwei-sen.

Mit einer händischen Ansteuerung der Feldstärken der beiden Helmholtz-Spulenpaare wurde der Einfluss des Gesamtfeldvektors auf die Partikelschwarmform

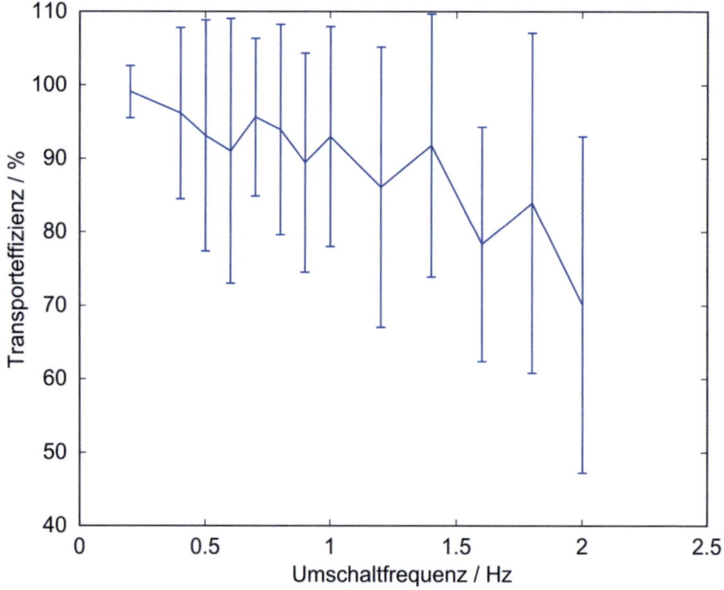

Abb. 5-37: Transporteffizienz über den Mittelwert aller Lamellen und alle Füllgrade aufge-tragen über der Umschaltfrequenz.

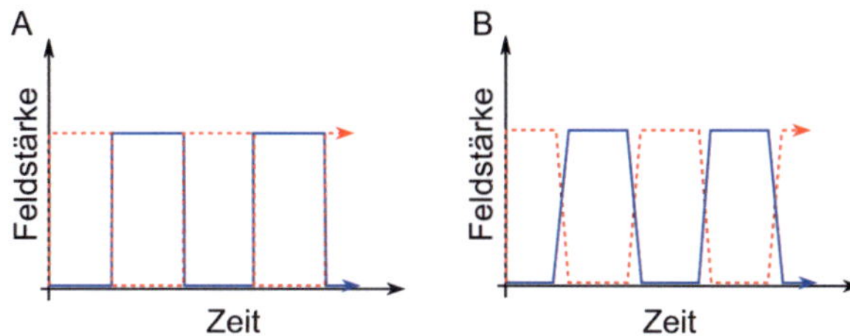

Abb. 5-38: Ansteuerung der Helmholtz-Spulenpaare

untersucht. Hierbei wurden die Felder nicht abwechselnd sondern zum Teil zeitlich überdeckt eingeschaltet. Oben genannte, statistische Untersuchung der Transporteffizienz wurde mit der alternierenden Schaltung der Felder (Abb. 5-38/A) durchgeführt. Durch die Verwendung der Ansteuerung in Abb. 5-38/B werden in jenen Phasen, in denen beide Felder aktiv sind, die Partikelschwärme von der Kegelform (vgl. Abb. 5-33/J) so umgeformt, dass sie sich nicht mehr auf die andere Kanalseite erstrecken. So können sie bei vollständigem Einschalten des zweiten Feldes als Gesamtheit transportiert werden.

Die für die oben durchgeführten Versuche verwendeten Partikel von Micromod weisen keine sichtbare Remanenz auf. Bei der Verwendung dieser Partikel in einem Wechselfeld verhalten sie sich analog zur Verwendung eines durch Gleichstrom erzeugten Feldes, d.h. es findet keine Rotation statt, wie sie bei den Partikeln von Sirotherm beobachtet wurde.

5.6 Machbarkeitsnachweis für den Partikeltransport durch Phasengrenzen

Zum Durchführen einer Reaktion im Partikeltransportsystem ist eine Abgrenzung der Reaktionskammern notwendig. Wie in Kapitel 4.8 beschrieben, wird dies durch das Einbringen nichtmischbarer Flüssigkeitsplugs eines Zweiphasensystems erreicht. Hierbei ergibt sich jedoch die Herausforderung, dass der Transport der magnetischen Partikel durch die Phasengrenzen weitestgehend ungehindert funktionieren soll. Die in Abschnitt 5.4.1 gemessenen Grenzflächenspannungen der Fluidpaarungen geben bereits einen Anhaltspunkt zur Passierbarkeit der Grenzfläche mit einem magnetischen Partikel.

Ein Transport in einem Zweiphasensystem, das aus einem unpolaren und einem polaren Medium besteht, ist nicht möglich. Untersucht wurden hierbei die in Abschnitt 5.4 charakterisierten Zweiphasensysteme *Wasser – Isobutanol*, *Wasser – Tetradekan* sowie diese Systeme mit Zusatz des Netzmittels Polysorbat 20 in der wässrigen Phase.

In den wässrigen Zweiphasensystemen ist der Transport durch die Phasengrenze dagegen möglich. Dies ist auf die deutlich geringere Grenzflächenspannung zwischen den Phasen, im Vergleich zu oben genannten polar-unpolaren Zweiphasensystemen, zurückzuführen. Der Transport durch Phasengrenzen wurde exemplarisch mit dem in Abschnitt 4.7 beschriebenen PEG-Phosphat-System gezeigt. Die hier ausgewählte Zusammensetzung entspricht einer Gesamtzusammensetzung von 17,6 Gewichts-% PEG und 22,4 Gewichts-% Phosphat. Diese Konzentrationen sind ein Kompromiss bezüglich Viskosität, Grenzflächenspannung und Selektivität der Phasen für Zielmoleküle. Eine Erhöhung der Konzentration von PEG und Phosphat zieht eine Erhöhung der Grenzflächenspannung und gleichzeitig auch eine Erhöhung der Viskosität nach sich. Eine Senkung der Konzentrationen reduziert die Grenzflächenspannung und gleicht die Zusammensetzungen der Phasen an, was sich negativ auf die Selektivität auswirkt (vgl. Abb. 2-5). Die PEG-reiche Phase wurde mit Tinte angefärbt. Die Phasen wurden abwechselnd eingezogen und besitzen jeweils ein Volumen von 300 nl.

Bei der Verwendung des Helmholtz-Spulen-Paars mit Gleichstromansteuerung ist der Transport aufgrund der geringen erreichten Feldstärke nicht zuverlässig möglich. Die Kraft auf die Partikel reicht nicht in allen Transportphasen aus, um zuverlässig die Phasengrenze zu passieren. Der höchste Transporterfolg ist zu verzeichnen, wenn das Partikel in der Transportphase III auf die Phasengrenze trifft, da es in dieser Transportphase aufgrund der fehlenden Reibungskräfte durch die Kanalwände die höchste Geschwindigkeit entfalten kann.

Durch Ansteuerung der Spulen mit einer Wechselspannung wird das Partikel einem Wechselfeld ausgesetzt. Dieses hat im Vergleich zum zeitlich konstanten Feld zwei signifikante Vorteile: die Kraft auf das Partikel wirkt pulsierend mit der Feldfrequenz und es lassen sich mit der Ansteuerung über die genutzten Wechselstromverstärker höhere Feldstärken erreichen. Sowohl die Partikel von Sirotherm als auch die Partikel von Micromod können einzeln bzw. in Schwärmen durch die Phasengrenzen transportiert werden. Hierbei spielt die Position der Phasengrenze relativ zu den Lamellen eine untergeordnete Rolle, da der Durchtritt durch die Phasengrenze in fast allen Transportphasen möglich ist.

Neben dem Unterscheidungsmerkmal der Größe der Sirotherm und der Micromod Partikel zeigt sich hierbei ein weiterer signifikanter Unterschied: die Sirotherm Partikel rotieren im Wechselfeld. Dies ist darauf zurück zu führen, dass die Partikel eine Remanenz aufweisen, und dass eine Rotation des Partikels im Wechselfeld gegenüber einer Ummagnetisierung durch das Wechselfeld energetisch günstiger ist. Diese Rotation ermöglicht einen erleichterten Durchtritt des Partikels durch die Phasengrenze, da diese durch die Relativbewegung lokal aufgelöst wird. Ist die Phasengrenze in der Nähe des Haltepunktes des Partikels positioniert, kann es zu einer lokalen Durchmischung der Phasengrenze kommen, wie in Abb. 5-40 dargestellt. Aufgrund der Grenzflächenspannung zwischen den beiden Phasen nimmt die Phasengrenze wieder ihre ursprüngliche Form ein, sobald das Partikel weiter transportiert wird (vgl. Absatz 5.4.3).

Die Felderzeugung mit dem Permanentmagneten des Magnetrührers hat sich in Bezug auf den Transport durch Phasengrenzen in mehrerlei Hinsicht als vorteilhaft herausgestellt: Die vergleichsweise hohe Feldstärke des Permanentmagneten erzeugt

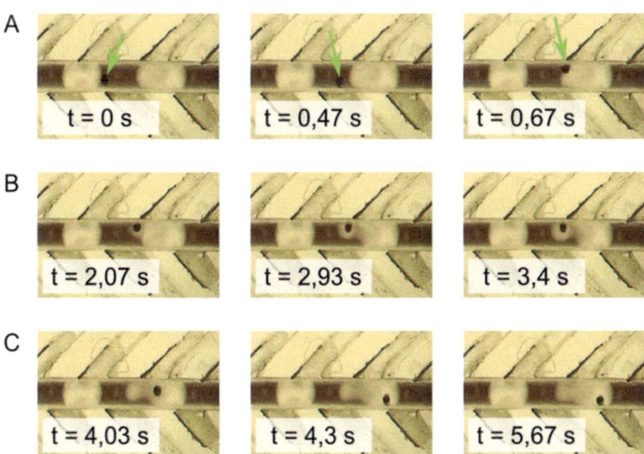

Abb. 5-39: Transport eines Partikels unter Einfluss des Wechselfeldes: A Transport durch die PEG-reiche Phase; B: durch die Rotation des Partikels resultierende Verformung der Phasengrenze und C:Transport in der Phosphat-reichen Phase.

eine höhere Kraft auf den Partikel. Des Weiteren können über die in Abschnitt 5.3.2 gezeigten Winkelfeineinstellungen die Partikel über die Phasengrenze in jeder Position der Transportphase II hinweg transportiert werden. Im Allgemeinen kommt bei Reibung des Partikels an der Kanalwand dem Transport in der Transportphase I die Möglichkeit des Abrollens des Partikels zu Gute (vgl. Abb. 5-23). So konnten die Partikel auch gezielt rückwärts transportiert werden, wenn das Ansteuerschema so gedreht wurde, dass das Partikel durch das Abrollen an der Kanalwand hinter die Scheidelinie transportiert wurde. Die Zuverlässigkeit dieses Rücktransports liegt jedoch signifikant unter der des regulären Transports, da die dafür notwendige Reibung zwischen Kanalwand und Partikel nicht immer gegeben ist.

5.7 Machbarkeitsnachweis einer partikelgebundenen Mehrschrittreaktion

Als Machbarkeitsnachweis einer Mehrschrittreaktion im Kanal wurde die in Abschnitt 4.9 beschriebene Kopplung eines biotinylierten Fluoreszenzfarbstoffes auf einen mit Streptavidin funktionalisierten Sirotherm Magnetpartikel durchgeführt.

Die Kompartimentierung des Kanals für die Mehrschrittreaktion wurde basierend auf den Ergebnissen des vorangehenden Kapitels mit einem wässrigen Zweiphasensystem durchgeführt. Der pH-Wert der Phosphat-Stammlösung beträgt pH 7. Nach Separation der wässrigen zwei Phasen wurden die pH Werte erneut auf pH 7,17 für die obere Phase und pH 6,9 für die untere Phase bestimmt. Sowohl für die Streptavidin-Biotin-Kopplung als auch für den Fluoreszenznachweis ist ein pH 7 wünschenswert (vgl. Abb. 2-3). Die Steuerung des Partikels wurde über den Aufbau mit Magnetrührer durchgeführt. In der Inkubationsphase im Plug mit dem Fluoreszenzfarbstoff wurde das Partikel durch den normalen Rührmodus des Magnetrührers in Rotation versetzt, um die Reaktionsgeschwindigkeit zu erhöhen.

Zur Bestimmung des Einflusses des wässrigen Zweiphasensystems auf die Reaktionskinetik wurde zusätzlich zur Kopplungsreaktion im Kanal die Bindung des biotinylierten Fluoreszenzfarbstoffes (Fluoreszeinisocyanat, FITC) auf den Partikel händisch im Mikroreaktionsgefäß durchgeführt. Tabelle 10 zeigt die sukzessive durchlaufenen Reaktionsmedien der Reaktion im Kanal und die händisch ausgeführten Schritte der Referenzreaktionen im Phosphatpuffer und im wässrigen Zweiphasensystem.

Tabelle 10: Ablauf der Reaktionsschritte im Reaktionsgefäß und im Partikeltransportsystem.

	Händisch im Mikroreaktionsgefäß Phosphatpuffer		**Partikeltransportsystem** Wässriges Zweiphasensystem
	Sirotherm Partikel, funktionalisiert mit Streptavidin in 0,1 M PO_4-Puffer		
Inkubation	15 min in 40 μM FITC in PO_4-Puffer im Thermomixer	15 min 40 μM FITC in oberer Phase im Thermomixer	15 min 40 μM FITC in oberer Phase, Partikelrotation im Magnetrührer
Waschen	5 x 500 μl PO_4-Puffer, 30 s mixen, Überstand abnehmen	3 x untere Phase, obere Phase im Wechsel: 500 μl, 30 s mixen, Überstand abnehmen	Transport durch 3 x Wechsel von unterer Phase und oberer Phase
Nachweis	In 0,1 M PO_4-Puffer	In oberer Phase	

Die Fluoreszenz der Partikel wurde nach Abschluss der Reaktion mit einem Fluoreszenzmikroskop (Axiovert, Zeiss) gemessen. Zur Quantifizierung der gebundenen Fluoreszenzmoleküle auf dem Partikel wurde die automatisch durch das Mikroskop bestimmte Belichtungszeit als Maß für die Fluoreszenz herangezogen. Diese liegt für die drei Reaktionswege in der selben Größenordnung und ist in Tabelle 11 aufgeführt. Die hohe Reaktionskintetik der Streptavidin-Biotin-Bindung lässt bei den angegebenen Inkubationszeiten auf eine nahezu vollständige Reaktion schließen.

Abb. 5-40/B zeigt ein mit dem Fluoreszenzmikroskop aufgenommenes Falschfarbenbild eines Partikels mit Streptavidinliganden mit gekoppeltem Fluoreszenzfarbstoff. Hierfür wurde das Partikel aus dem Kanal ausgeschleust ohne nochmal mit den bereits passierten Reaktionskammern in Kontakt zu kommen. Ein quantitativer Nachweis der Kopplungsreaktion mit dem in Abschnitt 4.5.3 beschriebenen Aufbau ist nicht möglich, da die Lichtstärke des Strahlenganges des Stereomikroskops nicht ausreichend ist (Abb. 5-40/A).

Tabelle 11: Automatisch durch das Mikroskop bestimmte Belichtungszeiten der Bilder der fluoreszierenden Partikel.

	Mikroreaktionsgefäß Phosphatpuffer		**Partikeltransportsystem** Wässriges Zweiphasensystem
Belichtungszeit	1,87 sec.	1,79 sec.	1,81 sec.

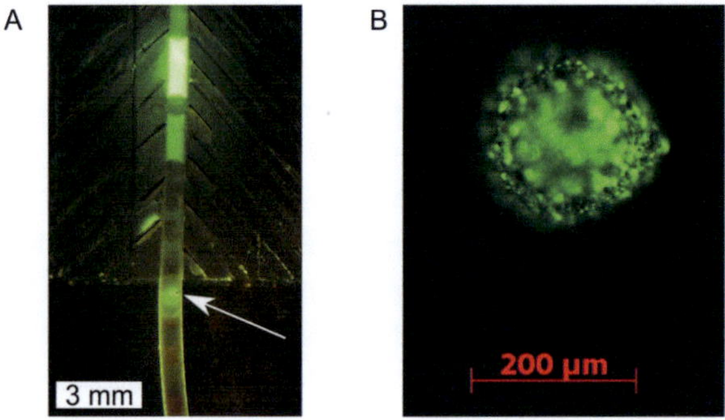

Abb. 5-40: A: Fluoreszenzanregung der Fluoreszenzplugs und des im Kanal transportierten Partikels (Pfeil). B: Falschfarbendarstellung der Fluoreszenz des Partikels im Fluoreszenzmikroskop nach der Reaktion im Transportsystem. Die durch Fluoreszenz verursachte Intensität des Partikels ist hierbei entsprechend der Fluoreszenz grün dargestellt.

6 Zusammenfassung und Ausblick

Ziel der vorliegenden Arbeit war die Entwicklung eines mikrofluidischen Magnetpartikeltransportsystems, welches ohne einen Pumpaktor zum Transport der Partikel auskommt. Das Transportsystem wurde in dieser Arbeit entworfen, simuliert und aufgebaut. Die Charakterisierung des fertigen Systems wurde mit der Durchführung einer exemplarischen, biologischen Kopplungsreaktion im System abgeschlossen.

Das dieser Arbeit zu Grunde liegende Konzept basiert auf einem mikrofluidischen Kanal, in dem magnetische Partikel transportiert werden. Der Transport entsteht durch lokale Magnetfeldgradienten, die durch Konzentrierung eines externen Magnetfeldes durch weichmagnetische Strukturen entstehen. Durch die Geometrie der weichmagnetischen Strukturen kann die Wirkrichtung der Gradienten und somit die Transportrichtung der magnetischen Partikel von außen bestimmt werden. Der Demonstrator mit Kanal und weichmagnetischen Strukturen wird auf dem Ansteuergerät platziert, welches ein homogenes Magnetfeld aus verschiedenen Raumrichtungen bereitstellt. Die Fertigung des Demonstrators über verschiedene Verfahren hat zu einem sehr einfachen Demonstrator mit einer Trennung der weichmagnetischen Strukturen vom mikrofluidischen Teil des Transportsystems geführt. Diese Trennung ermöglicht einen schnellen und kostengünstigen Austausch ausschließlich der flüssigkeitsführenden Teile des Systems. Des Weiteren kann das Material des fluidischen Teils in Bezug auf chemische Beständigkeit und Biokompatibilität an den jeweiligen Bedarf angepasst werden.

Über die Simulation des Partikeltransports wurden Einflussgrößen und Zielgrößen identifiziert und charakterisiert. Hieraus ergeben sich die optimalen geometrischen Parameter sowie eine Aussage über die Robustheit gegenüber Fertigungsungenauigkeiten der weichmagnetischen Strukturen. Mit dieser Simulation wurde ein Werkzeug geschaffen, welches eine Erweiterung der Kanalgeometrie auf zweidimensionale Mäanderstrukturen ermöglicht. Ferner wurden Kanalknicke und Kanalabzweige in dieser Arbeit vorgestellt, welche die Grundlage zu modular aufbaubaren Kanalnetzwerken bilden. Für die Erzeugung von Magnetfeldern wurden verschiedene Aufbauten miteinander verglichen und die Wirkung auf den Partikeltransport bestimmt. Die Resultate der Simulation wurden experimentell bestätigt. Die experimentellen Ergebnisse zeigen, dass das Transportsystem auch in vergleichsweise inhomogenen Feldern funktionsfähig ist. Für das Partikeltransportsystem wurden europäische Schutzrechte beantragt[1].

Der Machbarkeitsnachweis des Transports von magnetischen Partikeln wurde für Partikel verschiedener Größe durchgeführt. Partikel in der Größe von 200 μm werden als einzelne Partikel gehandhabt und bestätigen die Ergebnisse der Simulation. Transportgeschwindigkeiten von bis zu 5 mm/s wurden erreicht. Der Transport von Partikeln in der Größe von 30 μm findet in Form von Partikelschwärmen statt. Hierbei wurde die globale Transporteffizienz des Systems statistisch untersucht: Sie liegt über 80 % für Umschaltfrequenzen kleiner 2 Hz.

Zur Erzeugung abgegrenzter Reaktionskammern im Kanal wurden in dieser Arbeit verschiedene Zweiphasensysteme auf die Eignung zur Generierung definierter Flüssigkeitsplugs in Bezug auf die mechanischen und chemischen Eigenschaften untersucht. Wässrige Zweiphasensysteme auf Basis von Polyethylenglycol und Phosphat zeigen unter den untersuchten Systemen die beste Selektivität für Biomoleküle und gleichzeitig eine Grenzflächenspannung zwischen den Phasen, welche den Transport der magnetischen Partikel durch die Phasengrenze zulässt. Basierend auf diesem wässrigen Zweiphasensystem wurde der Machbarkeitsnachweis einer Reaktion im Kanal durchgeführt und mit der von Hand im Mikroreaktionsgefäß durchgeführten Reaktion verglichen. Im Kanal wurde beispielhaft ein Fluoreszenzfarbstoff an ein Magnetpartikel gekoppelt. Dies ist bei einem Fluoreszenznachweis biologischer Moleküle in der Regel der letzte Schritt der Nachweisreaktion.

Für eine zukünftige Anwendung sollte das in dieser Arbeit bereits als vergleichsweise stark und homogen charakterisierte Magnetfeld eines Permanentmagneten weiter genutzt werden. Die Verwendung von Permanentmagneten aus seltenen Erden ermöglichen hierbei signifikant höhere Feldstärken auf gleichem Raum. Der Vorteil hiervon ist neben einer Erhöhung der Transportgeschwindigkeit, die Möglichkeit der Reduzierung der Partikelgröße und somit eine Erhöhung der für die Reaktion zur Verfügung stehenden Oberfläche. Durch Anordnung mehrerer Magnete in Form einer Halbach-Konfiguration kann in einem größeren Bereich ein homogenes Feld erzeugt und könnte somit die Größe des Transportsystems erweitert werden. In solch einem System könnten Kanäle, die durch Mäandrieren verlängert sind, oder Kanalnetzwerke

---

[1] EU 10015405.3-2113 Anmeldedatum 08.12.2010

Platz finden. Des Weiteren ist eine Parallelisierung von Fluidkanälen denkbar, die verschiedene Reaktionsprotokolle zeitgleich bearbeiten.

Zusammenfassend lässt sich sagen, dass mit dem beschriebenen System die Möglichkeit geschaffen wurde, mit einem Minimalaufwand an Reagenzien in einem fluidischen Kanal eine sukzessiv ablaufende Kette von Reaktionen durchzuführen. Die durch den Kanal transportierten Magnetpartikel sind hierbei die Träger des Zielmoleküls. Die Verwendung eines Schlauches ermöglicht die einfache und kostengünstige Trennung des Teils des Systems, der mit den Reagenzien in Kontakt kommt, vom Magnetfeldgradienten erzeugenden Teil. Durch den Einsatz von Plugs zur Abgrenzung von Reaktionskammern können, ganz im Sinne des Point-of-Care Konzeptes, lagerstabile Abfolgen von Reagenzien definierter Konzentration in vorbefüllten Systemen bereitgestellt werden. Die Verwendung eines einfachen Magnetrührers als externe Feldquelle zeigt, dass das Gesamtsystem einen hohen Portabilitätsgrad hat und unter Umständen auch auf bestehendes Standardlaborequipment zurückgegriffen werden kann. Eine Anwendung des Systems zur Aufreinigung oder Synthese von Biomolekülen ist neben der gezeigten Reaktion gleichermaßen möglich.

A   Anhang 1: Detailvergrößerung des Maskenlayouts

Abb. 6-41: Ausschnittsvergrößerung des Waferlayouts. Sichtbar sind die Grundstruktur (1), Variationen der Kanalbreite (2), Lamellenlänge (3) und -breite (4).

 Anhang 2: Statistische Partikeltransportauswertung

Statistische Partikeltransportauswertung der Lamellen 3, 5 und 7

Frequenz / Hz

Transporteffizienz / %

Füllgradbereich / % <	0,2	0,4	0,5	0,6	0,7	0,8	0,9	1	1,2	1,4	1,6	1,8	2
7	100,0	100,0	96,0	95,5	91,4	93,3	88,3	97,8	99,9	83,0	98,4	94,9	95,0
13	100,0	98,3	97,1	98,5	95,5	95,8	100,0	97,4	82,8	64,7	88,3	87,9	81,9
20	98,0	99,8	98,2	93,9	95,8	91,4	96,1	97,6	90,4	76,9	89,7	75,2	84,8
26	92,9	95,1	91,3	93,7	89,6	87,7	89,2	86,7	81,7	76,4	87,0	75,1	81,6
33	84,0	79,6	73,5	78,5	82,9	84,4	83,9	85,6	83,1	69,6	81,8	73,0	79,3
39	81,5	60,4	66,9	86,7	66,8	67,7	70,9	71,7	79,7	56,3	74,3	62,1	
46							55,5	59,9	73,9	35,6	73,2		
52				59,6			53,5		55,4		58,5		
59									48,9				
65									48,1				

Relativer Fehler der Transporteffizienz = Standardabweichung/Transporteffizienz

Füllgradbereich / %	0,2	0,4	0,5	0,6	0,7	0,8	0,9	1	1,2	1,4	1,6	1,8	2
7	0,0	0,0	9,3	8,5	12,8	7,5	17,0	5,0	0,1	27,6	1,8	9,0	5,3
13	0,0	1,8	2,0	3,8	4,3	5,6	0,0	4,7	12,5	4,5	11,6	9,2	14,2
20	4,8	0,3	2,7	6,6	6,1	7,2	4,1	3,5	6,2	22,5	8,4	19,2	10,1
26	7,9	5,5	6,3	6,6	7,7	7,7	5,2	7,5	15,3	23,0	5,3	21,8	9,0
33	13,5	10,1	14,4	9,5	8,0	11,8	6,5	8,1	11,8	21,3	6,7	19,0	5,5
39	0,0	11,8	6,6	0,8	16,5	17,5	15,7	13,4	12,5	40,5	12,5	0,0	
46							13,0	12,9	17,3	11,1	18,5		
52				0,0			0,0		30,4		16,3		
59									25,8				
65									0,0				

Erhebungsumfang / N

Füllgradbereich / %	0,2	0,4	0,5	0,6	0,7	0,8	0,9	1	1,2	1,4	1,6	1,8	2
7	2	8	12	19	7	8	5	5	5	4	7	5	5
13	1	11	5	6	13	4	1	3	12	2	20	18	83
20	6	5	8	5	7	3	4	5	8	6	37	29	22
26	10	7	17	24	14	15	6	15	6	6	39	12	20
33	4	12	13	27	5	8	20	4	4	7	18	4	2
39	1	5	8	2	5	7	29	14	4	5	8	1	
46							9	5	5	3	8		
52				1			1		17		10		
59									10				
65									1				

Statistische Partikeltransportauswertung der Lamellen 2, 4 und 6

Frequenz / Hz

Transporteffizienz / %

Füllgradbereich / % (<)	0,2	0,4	0,5	0,6	0,7	0,8	0,9	1	1,2	1,4	1,6	1,8	2
7	98,2	70,6	60,1	41,5	68,9	48,5	57,5	37,1	59,6	35,4	15,9	27,2	35,8
13	95,7	94,3	93,0	85,7	85,0	75,3	84,8	77,9	63,1	66,4	60,2	47,9	48,9
20	97,6	99,4	94,6	90,8	91,2	90,6	91,5	90,2	78,0	82,3	76,9	52,7	61,1
26	96,1	84,8	88,5	90,8	89,4	86,7	86,1	87,3	81,4	70,6	78,0	50,0	63,9
33	99,3	95,3	87,1	94,1	93,7	85,0	83,3	78,2	84,7	70,9	78,3	83,0	71,0
39		94,9	90,3		91,4	83,7	83,5	78,8	71,5	55,2	78,2	78,5	
46		89,0	91,1		87,8	91,0	82,7	74,8	68,6		71,6		
52							84,8		70,3	63,8	77,7		
59							73,2		73,7		69,1		
65									65,4				
71									63,1				

Relativer Fehler der Transporteffizienz = Standardabweichung/Transporteffizienz

Füllgradbereich / % (<)	0,2	0,4	0,5	0,6	0,7	0,8	0,9	1	1,2	1,4	1,6	1,8	2
7	3,6	52,3	61,8	85,2	45,4	62,8	47,8	97,7	50,9	55,5	155,5	87,8	39,6
13	3,6	5,5	7,8	18,1	18,9	27,2	15,1	33,9	23,5	26,9	31,6	26,3	26,5
20	2,6	0,0	6,5	9,6	8,0	10,3	7,1	8,5	14,9	5,2	20,5	31,8	23,2
26	6,9	12,2	13,0	9,2	8,1	11,6	12,0	5,5	7,9	12,4	10,3	52,0	25,8
33	1,0	3,1	17,7	1,5	5,1	6,9	16,1	17,6	11,9	20,7	12,3	8,4	12,0
39		1,4	0,6		2,0	14,2	12,2	17,7	22,2	4,2	14,8	0,0	
46		0,0	3,4		0,0	1,9	5,6	6,1	20,3		23,5		
52							7,0		19,1	0,0	6,8		
59							19,7		3,2		5,8		
65									8,5				
71									7,3				

Erhebungsumfang / N

Füllgradbereich / % (<)	0,2	0,4	0,5	0,6	0,7	0,8	0,9	1	1,2	1,4	1,6	1,8	2
7	4	13	19	20	11	12	7	7	6	7	3	6	33
13	2	10	5	7	11	7	3	4	13	4	30	25	55
20	9	1	12	7	9	4	5	10	6	4	35	23	24
26	7	9	13	36	10	11	11	9	5	6	43	7	10
33	2	8	8	11	3	5	18	7	7	4	15	4	7
39		3	3		3	4	14	4	8	4	5	1	
46		1	3		1	2	7	7	6		6		
52							5		4	1	2		
59							2		4		5		
65									8				
71									2				

C Bibliografie

[1] B. G. Pfeiffer, J. Koolman, Die Erfindung der Mikroliterpipette, Biospektrum, 4 (2005) 467.

[2] J. Hüser, High-throughput screening in drug discovery, Wiley-VCH, 2006.

[3] G. Gauglitz, P. B. Luppa, Patientennahe Labordiagnostik. Point-of-Care-Testing, Chemie in unserer Zeit, 43 (2009) 308-318.

[4] S. C. Terry, J. H. Jerman, J. B. Angell, Gas-Chromatographic Air Analyzer Fabricated On A Silicon-Wafer, Ieee Transactions on Electron Devices, 26 (1979) 1880-1886.

[5] A. Manz, N. Graber, H. M. Widmer, Miniaturized total chemical analysis systems: A novel concept for chemical sensing, Sensors and Actuators B: Chemical, 1 (1990) 244-248.

[6] L. A. Sasso, A. Undar, J. D. Zahn, Autonomous magnetically actuated continuous flow microimmunofluorocytometry assay, Microfluidics and Nanofluidics, 9 (2010) 253-265.

[7] M. Vojtisek, A. Iles, N. Pamme, Rapid, multistep on-chip DNA hybridisation in continuous flow on magnetic particles, Biosens Bioelectron, 25 (2010) 2172-2176.

[8] S. A. Peyman, A. Iles, N. Pamme, Mobile magnetic particles as solid-supports for rapid surface-based bioanalysis in continuous flow, Lab on a Chip, 9 (2009) 3110-3117.

[9] C. W. Yung, J. Fiering, A. J. Mueller, D. E. Ingber, Micromagnetic-microfluidic blood cleansing device, Lab on a Chip, 9 (2009) 1171-1177.

[10] M. V. Berry, A. K. Geim, Of flying frogs and levitrons, European Journal of Physics, 18 (1997) 307.

[11] J. Svoboda, Magnetic Techniques for the Treatment of Materials, Springer Netherlands, 2004.

[12] R. R. Qiao, C. H. Yang, M. Y. Gao, Superparamagnetic iron oxide nanoparticles: from preparations to in vivo MRI applications, J. Mater. Chem., 19 (2009) 6274-6293.

[13] E. D. Goluch, J. M. Nam, D. G. Georganopoulou, T. N. Chiesl, K. A. Shaikh, K. S. Ryu, A. E. Barron, C. A. Mirkin, C. Liu, A bio-barcode assay for on-chip attomolar-sensitivity protein detection, Lab on a Chip, 6 (2006) 1293-1299.

[14] P. Tierno, S. V. Reddy, J. Yuan, T. H. Johansen, T. M. Fischer, Transport of Loaded and Unloaded Microcarriers in a Colloidal Magnetic Shift Register, The Journal of Physical Chemistry B, 111 (2007) 13479-13482.

[15] H. E. Siekmann, P. U. Thamsen, Anwendung der NAVIER-STOKES-Bewegungsgleichung

Strömungslehre für den Maschinenbau, in, Springer Berlin Heidelberg, 2009, pp. 77-118.

[16] S. Berensmeier, Magnetic particles for the separation and purification of nucleic acids, Applied Microbiology and Biotechnology, 73 (2006) 495-504.

[17] W. Demtröder, Experimentalphysik 3, Springer-Verlag Berlin Heidelberg, 2009.

[18] D. J. Donahue, F. E. Bartell, The Boundary Tension at Water-Organic Liquid Interfaces, The Journal of Physical Chemistry, 56 (1952) 480-484.

[19] M. W. Beijerinck, Ueber eine eigentiimlichkeit der löslichen stärke, Zbl. Bakt. II Natur., 627 (1896) 697-699.

[20] P. A. Albertsson, Partition Of Proteins In Liquid Polymer-Polymer 2-Phase Systems, Nature, 182 (1958) 709-711.

[21] P. A. Albertsson, Partition of cell particles and macromolecules in polymer two-phase systems, Advances in protein chemistry, 24 (1970) 309-341.

[22] P. A. Albertsson, G. Johansson, F. Tjerneld, Separation processes in biotechnology. Aqueous two-phase separations, Bioprocess technology, 9 (1990) 287-327.

[23] A. Dobry, F. Boyer-Kawenoki, Phase separation in polymer solution, Journal of Polymer Science, 2 (1947) 90-100.

[24] J. Ryden, Albertss.Pa, Interfacial Tension Of Dextran-Polyethylene Glycol-Water 2-Phase Systems, J. Colloid Interface Sci., 37 (1971) 219-&.

[25] J. Benavides, M. Rito-Palomares, Practical experiences from the development of aqueous two-phase processes for the recovery of high value biological products, J. Chem. Technol. Biotechnol., 83 (2008) 133-142.

[26] R. S. Conroy, G. Zabow, J. Moreland, A. P. Koretsky, Controlled transport of magnetic particles using soft magnetic patterns, Applied Physics Letters, 93 (2008) 203901.

[27] T. Deng, G. M. Whitesides, M. Radhakrishnan, G. Zabow, M. Prentiss, Manipulation of magnetic microbeads in suspension using micromagnetic systems fabricated with soft lithography, Applied Physics Letters, 78 (2001) 1775-1777.

[28] K. Gunnarsson, P. E. Roy, S. Felton, J. Pihl, P. Svedlindh, S. Berner, H. Lidbaum, S. Oscarsson, Programmable Motion and Separation of Single Magnetic Particles on Patterned Magnetic Surfaces, Advanced Materials, 17 (2005) 1730-1734.

[29] A. Rida, V. Fernandez, M. A. M. Gijs, Long-range transport of magnetic microbeads using simple planar coils placed in a uniform magnetostatic field, Applied Physics Letters, 83 (2003) 2396-2398.

[30] K. Smistrup, P. T. Tang, O. Hansen, M. F. Hansen, Micro electromagnet for magnetic manipulation in lab-on-a-chip systems, Journal of Magnetism and Magnetic Materials, 300 (2006) 418-426.

[31] R. Wirix-Speetjens, J. deBoeck, On-chip magnetic particle transport by alternating magnetic field gradients, Magnetics, IEEE Transactions on, 40 (2004) 1944-1946.

[32] J. Joung, J. Shen, P. Grodzinski, Micropumps based on alternating high-gradient magnetic fields, Magnetics, IEEE Transactions on, 36 (2000) 2012-2014.

[33] P. Eberhardt, Entwicklung eines mikrofluidischen Systems zur Handhabung von Magnetpartikeln Universitätsverlag Karlsruhe, Karlsruhe, 2008.

[34] Chemagen, Chemagic DNA Blood 10 Kit, in: http://www.chemagen.com/fileadmin/downloads/chemagic_DNA_Blood10_Kit.pdf, 2008.

[35] C. H. Ahn, M. G. Allen, W. Trimmer, Y. N. Jun, S. Erramilli, A fully integrated micromachined magnetic particle separator, Journal of Microelectromechanical Systems, 5 (1996) 151-158.

[36] M. Ikeuchi, M. Washizu, Ieee, Polymer synthesizer based on magnetic transport of particles, Ieee, New York, 2003.

[37] M. Franzreb, Persönliches Gespräch, (2008).

[38] A. Aharoni, Traction force on paramagnetic particles in magnetic separators, Magnetics, IEEE Transactions on, 12 (1976) 234-235.

[39] G. P. Arrighini, M. Maestro, R. Moccia, Magnetic Properties of Polyatomic Molecules. I. Magnetic Susceptibility of H2O, NH3, CH4, H2O2, The Journal of Chemical Physics, 49 (1968) 882-889.

[40] A. Thommes, W. Stark, W. Bacher, Die galvanische Abscheidung von Eisen-Nickel in LIGA-Mikrostrukturen, in: Wissenschaftliche Berichte / Forschungszentrum Karlsruhe in der Helmholtz-Gemeinschaft, FZKA ; 5586, Karlsruhe, 1995, pp. 76 S.

[41] Invitrogen, Fluorescein, Oregon Green and Rhodamine Green Dyes, in: http://www.invitrogen.com/site/us/en/home/References/Molecular-Probes-The-Handbook/Fluorophores-and-Their-Amine-Reactive-Derivatives/Fluorescein-Oregon-Green-and-Rhodamine-Green-Dyes.html, 2011.

[42] K. L. Mittal, Determination Of Cmc Of Polysorbate 20 In Aqueous-Solution By Surface-Tension Method, J. Pharm. Sci., 61 (1972) 1334-&.

[43] N. Z. Danckwardt, M. Franzreb, A. E. Guber, V. Saile, Pump-free transport of magnetic particles in microfluidic channels, Journal of Magnetism and Magnetic Materials, 323 (2011) 2776-2781.

D Abkürzungen und Symbole

Abkürzungen:

μ-TAS	Mikrototalanalysensystem
AGM	Alternating-Gradient-Magnetometer
FITC	Fluoreszeinisocyanat,
IFG	Institut für Funktionelle Grenzflächen
IMT	Institut für Mikrostrukturtechnik
KIT	Karlsruher Institut für Technologie
MST	Mikrosystemtechnik
PDMS	Polydimethylsiloxan
PEG	Polyethylenglycol
PMMA	Polymethylmethacrylat
PoC	Point-of-Care
PVC	Polyvinylchlorid

Größen und Symbole:

Symbol	Bezeichnung	Einheit
B	Flussdichte	T
B_r	Remanenz	T
H	Feldstärke	$A\,m^{-1}$
H_c	Koerzitivfeldstärke	$A\,m^{-1}$
μ_0	Vakuumpermeabilität	$4\,\pi 10^{-7}\,N\,A^{-2}$
D_p	Partikeldurchmesser	m
X_p	Suszeptibilität des Partikels	dimensionslos
X_f	Suszeptibilität des umgebenden Mediums	dimensionslos
μ_r	Permeabilitätszahl	dimensionslos
F	Kraft	N
v_p	Partikelgeschwindigkeit	$m\,s^{-1}$
η	Viskosität	$N\,s\,m^{-2}$
F_u	Umschaltfrequenz	Hz
Tz	Transportzeit	s
R	Rastermaß	m
B	Lamellenbreite	m oder dimensionslos (normiert auf R)
L	Lamellenlänge	m oder dimensionslos (normiert auf R)
N	Kanalbreite	m oder dimensionslos (normiert auf R)

Schriften des Instituts für Mikrostrukturtechnik
am Karlsruher Institut für Technologie
(ISSN 1869-5183)

Herausgeber: Institut für Mikrostrukturtechnik

**Die Bände sind unter www.ksp.kit.edu als PDF frei verfügbar oder
als Druckausgabe bestellbar.**

Band 1 Georg Obermaier
**Research-to-Business Beziehungen: Technologietransfer durch Kommu-
nikation von Werten (Barrieren, Erfolgsfaktoren und Strategien).** 2009
ISBN 978-3-86644-448-5

Band 2 Thomas Grund
Entwicklung von Kunststoff-Mikroventilen im Batch-Verfahren. 2010
ISBN 978-3-86644-496-6

Band 3 Sven Schüle
**Modular adaptive mikrooptische Systeme in Kombination mit
Mikroaktoren.** 2010
ISBN 978-3-86644-529-1

Band 4 Markus Simon
Röntgenlinsen mit großer Apertur. 2010
ISBN 978-3-86644-530-7

Band 5 K. Phillip Schierjott
**Miniaturisierte Kapillarelektrophorese zur kontinuierlichen Über-
wachung von Kationen und Anionen in Prozessströmen.** 2010
ISBN 978-3-86644-523-9

Band 6 Stephanie Kißling
**Chemische und elektrochemische Methoden zur Oberflächenbear-
beitung von galvanogeformten Nickel-Mikrostrukturen.** 2010
ISBN 978-3-86644-548-2

Band 7 Friederike J. Gruhl
**Oberflächenmodifikation von Surface Acoustic Wave (SAW) Bio-
sensoren für biomedizinische Anwendungen.** 2010
ISBN 978-3-86644-543-7

Band 8 Laura Zimmermann
**Dreidimensional nanostrukturierte und superhydrophobe mikro-
fluidische Systeme zur Tröpfchengenerierung und -handhabung.** 2011
ISBN 978-3-86644-634-2

Schriften des Instituts für Mikrostrukturtechnik
am Karlsruher Institut für Technologie
(ISSN 1869-5183)